Die Welt aus H… …cht

Wellness für Hunde

Der Toller wälzt sich nach Herzenslust im Gras. Für ihn ein Riesenspaß, doch sein Besitzer wird nicht immer glücklich darüber sein, vor allem wenn er einen Kuhfladen oder Aas erwischt, und anschließend mit aufs Sofa möchte.

Herumgeschleppt

Die Toller gehören zur Gruppe der Retriever und wurden zum Apportieren von Wild gezüchtet. Daher freut er sich, wenn er etwas tragen darf. Hütehunde wollen hüten, Hofhunde wachen, Jagdhunde jagen. Versuchen Sie, Ihren Hund seiner Veranlagung entsprechend zu beschäftigen.

Grüß Dich!

Der Weimaraner freut sich riesig, sein Frauchen zu sehen, und begrüßt sie mit einem freundlich gemeinten Schnauzenstoß, wie es unter Hunden üblich ist. Leider freut sich nicht jeder Mensch über so eine überschwängliche Begrüßung, vor allem nicht, wenn er die gute Abendgarderobe trägt.

Von unten betrachtet

So in etwa sieht Sie ein kleiner Hund, wenn Sie sich fröhlich lächelnd über ihn beugen, um ihn zu streicheln. Ganz schön bedrohlich, oder? Gehen Sie lieber in die Hocke, wenden den Blick leicht ab und streicheln Sie ihn an der Brust, statt auf dem Kopf.

Kleine Goldgräber

Hunde graben für ihr Leben gern. Da wird gebuddelt, was das Zeug hält, bis die Fetzen fliegen und der Dreck spritzt. Mäuselöcher und Maulwurfhaufen sind willkommene Objekte, und wenn er Glück hat, hebt er sogar ein leckeres Mäusenest aus.

Sofafreuden

Hundemüde ist der Australian Shepherd, und wo liegt es sich bequemer als im Bett oder auf dem Sofa? Sein Kuscheltier hat er bereits mitgebracht. Wenn Sie nicht wollen, dass Ihr Hund Bett oder Sofa in Beschlag nimmt, müssen Sie es von Anfang an verbieten.

Untergebuttert

Das geht zu weit! Der Golden buttert mal eben schnell den anderen Hund unter. Seine Körperhaltung zeigt, dass Schluss mit lustig ist. Mit gesträubtem Fell, durchgedrückten Beinen und erhobener Rute steht er über dem Unterlegenen, der zwar auf dem Rücken liegt, aber noch frech von unten tritt und sich keineswegs ganz unterworfen hat.

Ein ganzer Kerl!

Selbstbewusst hebt der Rüde sein Bein und markiert sein Revier. Es soll ruhig jeder wissen, dass er hier war. Zum Kräftemessen gehört auch, dass er möglichst hoch pinkeln kann. Manche Rüden liefern sich an Bäumen oder Laternenpfählen ein regelrechtes „Duell“.

Klein mit Hut

Schlechtes Gewissen? Nein, so etwas kennen Hunde nicht. Aber der Weimaraner fühlt sich nicht wohl in seiner Haut und zeigt das deutlich. Er macht sich klein, zieht den Schwanz ein und weicht dem Blick aus. Das sind alles Gesten der Unterwürfigkeit.

Inhalt

1

Von Hunden und Menschen 6

2

Werkzeuge für Hundehalter 30

3

Erziehen und beschäftigen 46

Service 70

1

Von Hunden und Menschen

Ausflug in eine andere Welt

Wie Hunde denken

Handeln aus dem Bauch heraus

Hunde richten sich nicht nach Vernunftgründen, sondern nach Gefühlen. Vereinfacht gesagt, teilt ein Hund seine Welt in „angenehm“ und „unangenehm“ ein. Und er tut einfach immer das, was sich momentan gut und richtig für ihn anfühlt.

Schnüffeln und Buddeln macht Hunde glücklich.

Feels good!

Manches fühlt sich für einen Hund einfach deshalb „gut“ an, weil es einem seiner angeborenen Verhaltensprogramme entspricht. Eine tragende Hündin gräbt z. B. nicht deswegen eine Wurfhöhle, weil sie weiß, dass sie bald Junge bekommen wird, sondern weil die hormonellen Veränderungen das Gefühl auslösen, es gäbe gerade nichts Wichtigeres auf der Welt, als zu buddeln.

Diese beiden tun offensichtlich, was ihnen Spaß macht.

Man weiß heute, dass es selbstbelohnend ist, ein solches Verhaltensprogramm auszuführen, weil das Gehirn dabei „Glückshormone“ produziert. Kein Wunder also, dass manchmal die angeborenen Verhaltensprogramme den Sieg davontragen, wenn sie mit den Erziehungszielen des Menschen kollidieren! Hunde, die jagen, buddeln, sich in Aas wälzen, ihr Revier verteidigen oder markieren, etwas ihrer Meinung nach Fressbares in sich hineinstopfen oder auf Freiersfüßen wandeln, haben oft denkbar wenig Verständnis dafür, dass sie das unserer Meinung nach lieber lassen sollten. All dies zu tun, fühlt sich zu gut oder auch zu dringend an und kann im Extremfall beinahe suchtartigen Charakter haben.

Die treibende Kraft

Gefühle sind auch der „Motor“ beim Lernen. Den Lernmechanismus kann man sich etwa so vorstellen, dass der Hund im Gedächtnis Situationen und Handlungen mit den Gefühlen verknüpft, die unmittelbar damit einhergehen. Erlebnisse, die aufgrund dessen in seiner Erinnerung das Etikett „angenehm“ tragen, möchte er natürlich gern wiederholen, während er solchen mit dem Etikett „unangenehm“ in Zukunft möglichst aus dem Weg geht. Ganz besonders angenehm fühlt sich das „Erfolg haben“ an. Denn wer erfolgreich handelt, bekommt nicht nur, was er wollte, sondern wird auch vom Gehirn mit guten Gefühlen „belohnt“. Misserfolg ist dagegen unangenehm. Hunde lernen vor allem am Erfolg und Misserfolg ihres Handelns.

Hoffentlich vermiest mir niemand mein Nickerchen.

Sofa-Erlebnisse

Die Idee „aufs Sofa springen“ fühlt sich z. B. für einen Hund, der dort schon einmal ungestört ein gemütliches Nickerchen gemacht hat, aufgrund dieser Erfahrung einfach „gut und richtig“ an – jedenfalls wenn er gerade müde ist und einen Schlafplatz sucht. Warum also sollte er nicht danach trachten, dieses angenehme Erlebnis zu wiederholen? Anders verhält es sich, wenn er unsanft von dort vertrieben wurde. Dann verbindet er mit dem Sofa eher unangenehme oder zumindest gemischte Gefühle und ist nicht mehr so schnell geneigt, der Idee nachzugeben.

Das erste Mal

Besonders wichtig für die gefühlsmäßige Bewertung von Situationen und Handlungen ist immer das erste Mal. Die erste Erfahrung sitzt besonders tief. War der allererste Versuch, auf dem Sofa zu liegen, „schön“, wird man den Hund später kaum noch vom Gegenteil überzeugen können. Ist er hingegen beim ersten Versuch abgerutscht (oder wurde umgehend wieder heruntergeschubst), bekommt er womöglich nie wieder Lust, aufs Sofa zu springen. Denn die Idee fühlt sich von da an nur „schlecht“ an und der Hund kann ja ohne vorherige gute Erfahrungen nicht ahnen, dass die Sache auch ganz anders – nämlich sehr angenehm – hätte ausgehen können.

Lerngeschwindigkeit

Generell geht das Lernen umso schneller, je stärker die dabei beteiligten Gefühle sind. Normalerweise braucht es eine ganze Reihe von Wiederholungen, bis der Hund gelernt hat, dass eine bestimmte Handlung bestimmte Konsequenzen nach sich zieht. Aber starke Erlebnisse positiver oder negativer Natur prägen sich eher im Gedächtnis ein als das tägliche Einerlei. Gegebenenfalls reicht schon ein einziger „bombiger“ Erfolg oder eine große Freude, aber auch leider eine einmalige Erfahrung von Angst, Schmerz oder großem Schreck, um etwas Neues – zum Beispiel Angst vor dem Tierarzt – fest im Gedächtnis zu verankern.

Leben im Hier und Jetzt

Lernen im Sekundentakt

Jetzt oder nie

Für uns Menschen besonders schwer nachvollziehbar ist die Tatsache, dass Hunde im Gegensatz zu uns nicht über Erlebtes nachdenken. Hunde leben wie alle Tiere immer „voll und ganz im Hier und Jetzt". Vergangenheit und Zukunft gibt es für sie nicht. Ein Hund entscheidet und handelt ausschließlich nach der Devise „Genuss sofort", denn längerfristige Folgen seines Tuns kann er nicht mit einkalkulieren. Dass er in Zukunft vielleicht nie mehr von der Leine gelassen werden kann, wenn er zu oft Wild hetzt, ist für ihn jenseits seines geistigen Horizonts. Und auch den Zusammenhang zwischen dem Bravsein am Nachmittag und einem leckeren Kauknochen am Abend wird ein Hund nie begreifen können.

Hunde leben in der Gegenwart und lernen nur, wenn die Ereignisse direkt aufeinander folgen.

Blitzschnelle Verknüpfung

Aus der Forschung weiß man, dass Hunde Ereignisse nur dann optimal miteinander verknüpfen können, wenn sie innerhalb von 0,5 bis 0,8 Sekunden aufeinander folgen. Wer als Mensch also Einfluss auf die Lernerfahrungen seines Hundes nehmen will, muss vor allem schnell sein und blitzschnell handeln! Eine Strafe oder eine Belohnung, die auch nur zwei Sekunden nach der betreffenden „Tat" kommt, ist bereits für die Katz': Sie wird vom Hund normalerweise nicht mehr mit seiner „Tat" in Verbindung gebracht. Er lernt also nicht das von Ihnen Gewünschte. Ja, noch schlimmer: Bei schlechtem Timing Ihrerseits können auch noch jede Menge Missverständnisse entstehen.

Ein Hundekeks nach dem Spaziergang freut den Hund, lehrt ihn jedoch nichts.

Ein Leckerchen unmittelbar nach dem Loslassen des Spielzeugs belohnt wirksam das Ausgeben.

Auch Beweisstücke helfen nicht

Sicherlich kann sich ein Hund noch daran erinnern, dass er vor zehn Minuten ein Brot geklaut hat. Aber wie wollen Sie ihm klar machen, dass Sie ausgerechnet deswegen sauer auf ihn sind und nicht, weil er vor fünfzehn Minuten geschlafen oder vor einer Minute neben der Küchentür gesessen hat? Nicht einmal das immer wieder praktizierte vorwurfsvolle Vorzeigen eines „Beweisstückes" verhindert Missverständnisse. Schließlich hat es sich gut angefühlt, das Brot zu fressen. Schlecht ging es dem Hund erst, als Sie ihm das leere Papier vorhielten und schimpften. Weil diese beiden Ereignisse für ihn aber keinen Zusammenhang miteinander haben, kann er nichts Vernünftiges daraus lernen. Er wird sich zwar künftig demütig geben, wenn Sie ihm den „Beweis" einer Missetat vorhalten, aber trotzdem weiterklauen.

Liegt er nach einer Missetat bereits wieder im Korb, ist es zu spät zum Schimpfen.

Die Sache mit der Verständigung
Verschiedene Sprachen

Hunde sind ausgezeichnete Beobachter.

Sprachlos
Allein schon weil Hunde die menschliche Sprache nicht verstehen, kann man sich mit ihnen nicht über Vorfälle verständigen, die bereits Vergangenheit sind. Die vielen Worte, die wir Menschen von uns geben, sind für einen Hund nichts weiter als unverständliches Gebrabbel. Er ist ganz auf Körpersprache eingestellt und hat einen überaus feinen Sinn für Bewegungen, Gesten, Mienenspiel und Stimmungen seines Sozialpartners. Der Tonfall unseres üblichen Wortschwalls hilft ihm zwar dabei, unsere momentane Stimmung zu erkennen, doch die Bedeutung einzelner Worte zu erfassen, ist für ihn überaus schwierig.

Sprachbarrieren
Stellen Sie sich vor, Sie träfen einen Menschen, dessen Sprache Ihnen völlig fremd ist. Es würde Ihnen wohl kaum helfen, wenn er pausenlos auf Sie einredet. Wenn er aber ein bestimmtes Wort immer wieder in einem bestimmten Zusammenhang sagt, könnten Sie dessen Bedeutung mit der Zeit verstehen lernen. Auch für einen Hund kann ein Wort nur dann eine Bedeutung bekommen, wenn es immer wieder ausschließlich im Zusammenhang mit derselben Situation oder Handlung gesagt wird, und zwar am besten jeweils kurz vorher. Das Wort verknüpft sich dann in seinem Gedächtnis mit dem Impuls, eine bestimmte Handlung auszuführen oder mit einer bestimmten Erwartungshaltung – und auch mit den Gefühlen, die damit einhergehen. Hört der Hund ein ihm bekanntes Hörzeichen, kommt ihm automatisch die Idee, die damit verknüpfte Handlung auszuführen. „Fühlt“ sich die Idee

– z. B. aufgrund von vorhergehenden Belohnungen – „gut und richtig" an, wird er sie auch umsetzen. Sagt man „spazieren gehen?", springt er schwanzwedelnd auf, weil er Wort und Tonfall mit dem Hinausgehen und der Aufbruchsstimmung verknüpft hat. Man kann mit ihm jedoch weder über Zukünftiges noch über Vergangenes sprechen. Von dem Satz: „Wir können leider erst in einer Stunde spazieren gehen!", würde er nur das Wort „spazieren gehen" verstehen, in freudige Erregung geraten und sehr enttäuscht sein, wenn es nicht sofort losgeht.

Körpersprache versteht jeder

Besser noch als Worte verknüpfen Hunde Gesten und Gesichtsausdrücke. Dass man die Jacke anzieht und die Leine vom Haken nimmt, spricht für den Hund eine viel deutlichere „Sprache" als jedes Wort. Aber auch Gegenstände, Orte und Gerüche können aufgrund von Verknüpfungen eine gefühlsmäßige Bedeutung bekommen: Der Anblick seines Spielzeugs bringt ihn in Spiellaune, der gewohnte Übungsplatz in „Arbeitsstimmung" und der Geruch der Tierarztpraxis erzeugt in ihm vielleicht ein mulmiges Gefühl.

Konfliktlöser mit Raubtiergebiss

Hunde sind wehrhafte Tiere mit gefährlichen Zähnen. Fühlt sich ein Hund oder das, was ihm wichtig ist, bedroht, ist Beißen eine seiner möglichen Reaktionen. Andererseits sind Hunde Meister der Anpassung und haben viele Strategien entwickelt, um Konflikte zu umgehen oder zu lösen. Sie versuchen in aller Regel, den Ausbruch von offenen Streitigkeiten durch vielfältiges freundlich-beschwichtigendes Verhalten, durch Ignorieren, Ausweichen, Tricksen und Ablenken zu vermeiden. Bevor zugebissen wird, wird meist ausführlichst gedroht und imponiert.

Warnsignale und Toleranz

Versteht und beachtet der Mensch all diese Warnsignale nicht und bedrängt, bedroht oder misshandelt den Hund, kann dieser durchaus zu dem Schluss kommen, dass man mit Menschen nicht „vernünftig reden" kann. Er hält sich dann nicht mehr lange mit Drohungen auf, sondern beißt sofort. Glücklicherweise ist das aber die absolute Ausnahme. Hunde haben offenbar nach 15.000 Jahren engen Zusammenlebens mit Menschen eine Engelsgeduld entwickelt und verzeihen erstaunlich viele Fehler!

Der Junghund ist zwar unterwürfig, aber allzu aufdringlich und wird daher vom Golden „abgestraft".

Was Hänschen nicht lernt ...

Die Sozialisierung

Was Hänschen nicht lernt, macht Hans Angst

Ob ein Hund tolerant und freundlich gegenüber Menschen und ihrem für Hunde merkwürdigen Verhalten ist und ob er insgesamt auf seine Umwelt gelassen und zuversichtlich oder aufgeregt und ängstlich reagiert, steht und fällt weitgehend mit seiner Welpenzeit. Hunde sind in den ersten Lebenswochen sehr offen gegenüber allem Neuen und lernen rasend schnell. Diese Zeitspanne nennt man die Sozialisierungs- oder Prägungsphase und sie dauert bis zur 12. oder 14. Lebenswoche, wobei aber die Zeit zwischen der dritten und achten Woche am wichtigsten ist. In dieser Zeit muss ein Welpe vor allem viel engen Umgang mit vielen verschiedenen Menschen und – zumindest ab der achten Woche – auch mit vielen verschiedenen Hunden haben und außerdem eine Vielzahl von verschiedenen Umwelteinflüssen (Geräusche, Situationen, Gegenstände, Hindernisse, Autofahren usw.) kennenlernen. Denn später überwiegt eher die Angst vor allem Neuen, und der Hund gewöhnt sich längst nicht mehr so leicht an die vielfältigen Reize, die so zahlreich in seiner Umwelt auf ihn einstürmen.

Das Spiel mit Hunden ist wichtig für die Sozialisierung.

Früh übt sich, wie man am Geschicktesten bekommt, was man haben will.

Verpasste Sozialisierungsphase

Kommt die Sozialisierung zu kurz, ist der Schaden meist lebenslang nicht wiedergutzumachen. Ein mangelhaft sozialisierter Hund ist stets mehr oder weniger unsicher und ungeschickt mit fremden Menschen und/oder Hunden, weil er ihre Körpersprache, ihr Verhalten und ihre Reaktionen nicht richtig einschätzen kann. Das lässt ihn anderen gegenüber unangemessen (z. B. zu aufdringlich, zu hektisch, zu ängstlich, zu aggressiv) auftreten. Dadurch wiederum bekommt er von Hunden oder Menschen, die sein Verhalten befremdlich und unangenehm finden, unfreundliche „Rückmeldungen", was ihn noch mehr verunsichert. Auch in seiner Umwelt gibt es viele Dinge (z. B. Verkehrslärm, glatte Böden usw.), die ihm Angst machen, was ihn zusätzlich belastet. Zudem sind schlecht sozialisierte Hunde meist insgesamt nervöser und schneller gestresst als üblich und können Stress schlechter verarbeiten. Das wiederum behindert sie beim Lernen von Neuem. Ein Teufelskreis, aus dem – oft erst nach der Pubertät – durchaus Probleme wie hysterisches Verbellen von Besuchern, Aggression gegenüber Artgenossen, Schnappen nach Kindern u. Ä. entstehen können. Kaufen Sie einen Welpen daher nur von einem guten Züchter, der seinen Welpen viel Kontakt mit verschiedenen Menschen und eine angereicherte Umwelt bietet. Nach ein paar Tagen Eingewöhnung bei Ihnen machen Sie dann mit Ihrem Welpen etwa jeden zweiten Tag kleine „Ausflüge" in verschiedene Umgebungen. Bummeln Sie etwas mit ihm und lassen Sie ihm Zeit, sich alles in Ruhe anzugucken und zu beschnuppern. Hat er Angst, gehen Sie in die Hocke und bilden so eine sichere „Höhle" für ihn. Bald wird die Neugier wieder überwiegen.

→ Sozialisierungsphase

In der Prägungs- oder Sozialisierungsphase (3. bis 14. Woche) lernen Hunde rasend schnell. Später überwiegt die Angst und es wird sehr viel schwieriger, den Hund an unbekannte Umwelteinflüsse zu gewöhnen. Nutzen Sie die Zeit und machen Sie Ihren Welpen mit zahlreichen Situationen bekannt.

Schon der Welpe sollte den Menschen als Spielpartner und „Lehrer" kennen lernen.

Was Hunde erregt

Stress auslösende Situationen

Hunde reagieren sehr schnell und sind sofort von null auf hundert. Manchmal muss man etwas Ruhe hineinbringen, damit die Stimmung nicht kippt.

„Ich bin ja so aufgeregt!“

Hunde sind im Allgemeinen aktiv, neugierig, vielseitig interessiert und schnell in ihren Reaktionen. Für einen Beutegreifer (Raubtier) sind solche Eigenschaften überlebenswichtig. Sie machen es aber nicht immer leicht, den Hund unter Kontrolle zu halten, zumal viele Hunde auch noch relativ leicht erregbar sind. Besonders Beutereize können den Hetzjäger Hund aufregen. Ein sich schnell bewegendes Objekt – Kaninchen, Inline-Skater usw. – löst bei ihm den Impuls aus, hinterherzurennen. Zappeln und Quietschen sind ebenfalls starke Beutereize, die im Hund den Wunsch auslösen, zu verfolgen und zu packen – einer der Gründe, warum Kleinkinder und junge Hunde nicht immer ein ideales Team sind.

Außer Rand und Band

Auch im ausgelassenen Spiel mit Menschen oder mit Artgenossen können Hunde über die Stränge schlagen, falls es allzu wild wird oder allzu lange dauert. Ähnlich wie bei einer Geburtstagsparty mit Sechsjährigen schlägt von einem Moment zum anderen freudige Erregung in Überdrehtheit und Stress um. Kläffen, Zwicken und so genannte Mobbing-Situationen, bei denen mehrere Hunde einen schwächeren jagen, können die Folge sein. Und allzu häufige wilde Raufereien und Beutespiele machen manche Hunde sogar reizbar und hyperaktiv.

Zu wenig Schlaf

Aufregend und stressig sind Ereignisse, die den Hund verunsichern, ihm Angst machen oder ihn überfordern. Allein das Fehlen von Ruhephasen kann einen Hund, der als „Tagdöser“ täglich etwa 16 Stunden Schlaf braucht, den letzten Nerv kosten. Langeweile und Bewegungsmangel können denselben Effekt haben. Es gibt auch Hunde, die sich so intensiv einer „selbstgewählten“ Aufgabe widmen, dass sie sich und ihre Menschen überstrapazieren. Mancher Hund nimmt z. B. das Bewachen seines Territoriums so ernst, dass er den ganzen Tag am Gartenzaun patrouilliert, alles anbellt, was sich regt und dabei nicht nur seine Umgebung nervt, sondern zunehmend hektisch und gereizt wird wie ein gestresster Manager.

Sorgen Sie für eine Auszeit, falls die Stimmung nach allzu langem, wilden Spiel in Gezänk umkippt.

Trotzanfall

Einzelne Hunde neigen auch dazu, sich übermäßig zu erregen, wenn sie in ihrer Bewegungsfreiheit eingeschränkt werden oder wenn sie ihren Willen nicht bekommen. Man kann dann gerade bei Welpen manchmal richtige „Trotzanfälle“ erleben. Dennoch muss jeder Hund lernen, auch einmal geduldig zu warten, ein Verbot zu akzeptieren und es zu ertragen, dass er festgehalten und untersucht wird.

Aus stressigen Situationen herausnehmen

Worüber und wie stark ein Hund sich aufregt und ob und wie sehr er sich gegebenenfalls in diese Erregung hineinsteigert, ist individuell verschieden. Manche Hunde ziehen sich von selbst zurück, wenn es ihnen zu viel wird, anderen muss man helfen, sich „herunterzuregeln“, z. B. indem man sie rechtzeitig aus der stressigen Situation herausnimmt.

Gehirnjogging für Hunde

Noch viel nötiger als Bewegung und monotones Bällchenwerfen brauchen Hunde zur seelischen Gesundheit „geistige“ Anregung. Die meisten Hunde sind exzellente Problemlöser und nutzen diese Fähigkeit auch gern. Hier einige Aktivitäten, die Ihren Hund ausgeglichen und zufrieden machen und die für ihn wichtiger und seelisch gesünder sind als stundenlanges monotones Bällchenwerfen: Neue Wege und Gebiete erkunden. Neue Gehorsamsübungen oder Kunststückchen lernen. Sie im Alltag begleiten und an Ihren Aktivitäten teilhaben. Kontakte zu verschiedenen Menschen und Hunden (falls er sich verträgt). Neue Gegenstände beschnuppern und untersuchen dürfen. Fährten oder Gegenstände mit der Nase suchen. Kleine Problemlösungsspiele wie z. B. Leckerchen aus einem Behälter herausprokeln. Etwas kauen, knabbern, abnagen oder zerpflücken dürfen. Buddeln. Sorgen Sie für Abwechslung, konfrontieren Sie Ihren Hund mit neuen Reizen, aber überfordern Sie ihn nicht.

Versteckte Leckerchen, Gegenstände oder Spielzeug zu suchen, ist eine besonders gute Beschäftigung.

Streicheleinheiten und „einfach zusammen sein“ stärken die Bindung.

Hannemann geh du voran

Von Rangordnung und Dominanz

Vom Wolf abzustammen heißt nicht, einer zu sein.

Die Erklärung für alle Arten von Problemen mit dem Hund liegt für viele Hundehalter auf der Hand: Er ist „dominant". Angeblich streben Hunde ständig nach der ranghöchsten Position im Rudel, entweder durch Machtspielchen und Manipulationen oder sogar durch offene Aggression. Tritt der Mensch dem Hund gegenüber nicht stets als Boss auf, hat er verloren.

Unter Wölfen

Wie neuere Beobachtungen an Hunden und frei lebenden Wölfen zeigen, hat diese Vorstellung allerdings wenig mit der Wirklichkeit gemein. Das Wolfsrudel ist kein militärisch geführter Stoßtrupp, sondern eine Familie. Die Rollenverteilung in einem Wolfsrudel und noch viel mehr in einer Gruppe von Hunden ist viel flexibler, als man früher angenommen hat. Und die Rangordnung wird vor allem dadurch aufrechterhalten, dass die jüngeren Tiere den älteren ihre Unterwürfigkeit regelrecht aufdrängen. Natürlich sind die Alttiere im eigentlichen Wortsinne „dominant" (also bestimmend), aber dies ergibt sich ganz nebenbei aus ihrer größeren Erfahrung und Körperkraft und daraus, dass die Jungen ganz von ihnen abhängig sind. Schließlich würde man die Beziehung zwischen Eltern und Kindern in einer Menschenfamilie ja auch nicht in erster Linie als eine Dominanzbeziehung betrachten.

Im Allgemeinen sind gerade die Alphatiere besonders tolerant und freundlich.

Unter Menschen

In einer Menschenfamilie haben Hunde „rangordnungsmäßig“ gesehen eine komplizierte Position. Teilweise spielen Menschen für Hunde die Rolle der erfahrenen „Elterntiere“. Sie sind auch der wichtigste Umweltfaktor für Hunde, von dem ihr Überleben abhängt. Die meisten Hunde akzeptieren Regeln, die Menschen aufstellen, recht bereitwillig. Andererseits sind sie eigenständige Tiere, die uns in manchem – z. B. der Sinnesleistung – überlegen sind. Wir übertragen ihnen Verantwortung, beispielsweise die Bewachung des Grundstücks. Gelegentlich erwarten Menschen von Hunden sogar, dass sie die Rolle eines menschlichen Gegenübers einnehmen, als Tröster, Gesellschafter oder Partnerersatz.

Kleine Egoisten

Hunde verfolgen natürlich ihre eigenen Interessen und versuchen, uns zu ihrem Vorteil zu manipulieren – manche hartnäckiger als andere. Ein Hund besitzt einen entwaffnenden Egoismus und tut, was ihm Spaß macht, ohne Rücksicht darauf zu nehmen, ob sein Verhalten „seinem“ Menschen Probleme bereitet.

Einzelne Hunde können daher tatsächlich lästig oder im Ausnahmefall auch einmal gefährlich werden, wenn man ihnen nicht deutliche Grenzen setzt und auf der Einhaltung bestimmter Regeln besteht.

Friedliches Zusammenleben

Es ist aber überflüssig, den Hund durch eine Vielzahl eigens dafür aufgestellter Vorschriften „klein“ zu halten, denn es gibt schon genug Regeln und Verbote, die er im Zusammenleben mit uns Menschen beachten muss. Es ist fraglich, ob sogenannte „Hausstandsregeln“ dem Hund in Bezug auf die Rangordnung wirklich etwas bedeuten. Abteilungsleiter wird man schließlich auch nicht, indem man ins Büro spaziert und sich auf den Chefsessel setzt, sondern indem man Führungsqualitäten beweist. Es ist daher nicht wirklich von Belang, ob Ihr Hund auf dem Sofa schläft oder vor Ihnen durch die Tür geht. Überlegen Sie lieber, welche Regeln für Sie persönlich im Zusammenleben mit Ihrem Hund wichtig sind und stellen Sie dementsprechend ganz ohne Krampf Ihr individuelles Regelwerk auf.

Tipp

Die Sache mit der Dominanz

Wenn Sie nur halbwegs souverän auftreten und sich dem Hund gegenüber in den seltenen Fällen, in denen es nötig ist, auch einmal ruhig, aber bestimmt durchsetzen können, werden Sie keine „Dominanzprobleme“ mit ihm bekommen.

Unter Wölfen verhindert deutliches Drohen oft echte Gewalt.

Aus Sicht des Menschen

So leiten Sie das Rudel

Nachdem wir uns mit den Eigenarten des hundlichen Denkens befasst haben, kommen wir nun zum menschlichen Teil der Partnerschaft. Welche Eigenschaften braucht man, wenn man einen Hund gut erziehen und ihm gerecht werden will?

Lassie ade

Welpenbesitzer sagen oft: „Ich will ihn nicht besonders ausbilden und ihn nicht dauernd herumkommandieren – er soll uns nur überallhin begleiten." Sie bedenken dabei nicht, dass dieses „problemlos überallhin begleiten" äußerst hohe Anforderungen an den Hund stellt, die er in der Regel nur nach einer soliden Grunderziehung erfüllen kann. Je komplexer die Umwelt ist, in der ein Hund lebt, desto eher ist die Anpassung eine Frage der überlegten Auswahl des Hundes und seiner guten Ausbildung. Den Kern trifft die ehrliche Antwort des Besitzers eines auffällig gut erzogenen, freundlichen und gelassenen Rottweilers auf die Frage, wie er es geschafft habe, dass sein Hund so brav sei: „Fünf Jahre Training."

Die wenigsten Hunde werden von ganz allein zu so angenehmen Begleitern.

Zu welchem Hund passe ich?

Damit Ihr Traumhund die Chance hat, Realität zu werden, müssen einige Vo-raussetzungen gegeben sein. Das fängt mit der richtigen Auswahl an. Obwohl es mittlerweile leicht ist, sich die nötigen Informationen über Hunde und ihre Bedürfnisse zu besorgen, werden leider immer noch viel zu viele Hunde unüberlegt gekauft. Die meisten ernsthaften Probleme bestehen darin, dass der Hund genau das tut, was von ihm aufgrund seiner Art, seines Rassetyps und seiner Vorgeschichte zu erwarten war. Sie wären durch eine vernünftigere Auswahl vermeidbar gewesen. Ausbaden muss sie dennoch meist der Hund.
Schließlich zeigt sich manchmal selbst bei besten Voraussetzungen und gründlicher Vorüberlegung, dass der Hund nicht alle Wunschvorstellungen erfüllen kann. Ist das bei Ihrem Hund so, sollten Sie fair genug sein, seine Grenzen zu akzeptieren und ihn so zu lieben, wie er ist.

Überlegungen vor dem Kauf

Wenn Sie hohe Erwartungen an Ihren vierbeinigen Begleiter haben, sollten Sie einen Hund wählen, der die Voraussetzungen dafür mitbringt, sie erfüllen zu können (passende Rasse, gute Sozialisierung).

- Überlegen Sie vor dem Kauf, welchem Hund Sie die passenden Rahmenbedingungen bieten können.
- Lügen Sie sich dabei nicht in die eigene Tasche! Warum sollten z. B. ausgerechnet Sie es schaffen, den starken Jagdtrieb einer bestimmten Rasse unter Kontrolle zu halten, obwohl sogar erfahrene Liebhaber dieser Rasse meist daran scheitern?
- Haben Sie wirklich die Zeit, das Fachwissen und die Möglichkeit, mit dem Problemhund aus der Tierschutzsendung zurechtzukommen?

Von Hunden und Schweinehunden

„Es ist gut, wenn du weißt, was du willst; wenn du nicht weißt, was du willst, ist das nicht so gut." Dieser Schlagertext trifft voll auf die Hundehaltung zu. Je klarer Sie Ihre Erziehungsziele vor Augen haben, desto besser wird es klappen. Wissen, was einem wichtig ist, ist auch erforderlich, um die Energie, Willenskraft und eine gewisse Durchsetzungsfähigkeit aufzubringen, die man für die Hundeerziehung braucht. Dabei ist es oft gar nicht der Hund, dem gegenüber man sich durchsetzen muss, sondern vielmehr der innere Schweinehund. Ein Hund kann zwar ab und zu testen, wie ernst man es mit einer Regel meint und ob sie noch gilt. Viel öfter werden Sie jedoch gegen Ihre eigene Trägheit und Nachgiebigkeit oder gegen Widrigkeiten Ihrer Umwelt ankämpfen müssen. Auch wenn Sie alle fünf Minuten vom Schreibtisch aufspringen müssen, um Ihren Hund vom Sofa zu jagen – Ausnahmen darf es nicht geben.

Gar nicht so einfach: konsequent zu sein, obwohl einem gar nicht danach ist…

Und wenn liebe Mitmenschen Ihre Bemühungen unterlaufen, dem Hund das Betteln oder Anspringen abzugewöhnen, müssen Sie freundlich auf Ihre Regeln bestehen – auch wenn Ihre Schwiegermutter dann beleidigt ist.

Tipp

Unparteiische Rasse-Infos

Informationen über Ihre Wunschrasse holen Sie sich am Besten bei Haltern dieser Rasse, bei Hundetrainern und Tierärzten. Dort hören Sie auch von den negativen Eigenschaften, die Züchter und Rassebuchautoren oft herunterspielen, weil sie „ihre" Rasse durch eine rosarote Brille sehen.

Das wünscht sich jeder Hund

Anforderungen an den Hundehalter

Das A und O der Hundeerziehung ist die konsequente Einhaltung aller aufgestellten Regeln. Klingt einfach, ist es aber oftmals nicht!

Verlässlichkeit und Durchschaubarkeit

Ausnahmslos konsequent zu sein bedeutet, verlässlich und durchschaubar zu sein. Konsequenz in der Hundeerziehung heißt konkret:

Regel 1

Einmal beschlossene Regeln gelten ohne Ausnahme. Was erlaubt ist, ist immer erlaubt. Was verboten ist, ist immer verboten, und dieses Verbot wird auch stets durchgesetzt.

Das ist aber nicht etwa deswegen nötig, weil der Hund immer wieder versucht, seinen Willen durchzusetzen, obwohl er „genau weiß, was er soll". Sondern es ist umgekehrt: Wenn immer wieder Ausnahmen gemacht werden, hat der Hund keine Chance, die Regeln zu begreifen. Folglich verletzt er sie – unfreiwillig! – immer wieder. Den dadurch erzeugten Ärger würde er liebend gern vermeiden, wenn er nur wüsste wie. Daher ist es genau gesehen keine Nettigkeit, sondern eine Gemeinheit dem Hund gegenüber, ihm „ausnahmsweise das Anspringen oder Auf-dem-Sofa-Kuscheln zu erlauben, nur weil uns Menschen gerade danach ist oder weil wir zu träge sind, die von uns selbst aufgestellten Regeln einzuhalten.

Regel 2

Auf bestimmte Handlungen des Hundes folgen stets dieselben Konsequenzen.

Da der Hund vor allem aus den Folgen (= Konsequenzen) seines Verhaltens lernt, müssen Sie dafür sorgen, dass diese Folgen auch regelmäßig und vorhersehbar eintreten. Sonst herrschen aus Sicht des Hundes völlig undurchschaubare, chaotische Verhältnisse.
Er benimmt sich dann natürlich auch chaotisch und fühlt sich wahrscheinlich sogar so, weil er sich auf nichts verlassen und keine Zusammenhänge begreifen kann. Wie sollte es ein Hund z. B. verstehen, dass er beim Betteln am Tisch mal etwas bekommt, mal ignoriert und mal ausgeschimpft wird? Er wird sein „Fehlverhalten" beibehalten (schließlich hat er ja Erfolg damit!), aber nervös, kriecherisch oder stur werden, weil er seine Menschen als unberechenbar erlebt.
Manchmal geht es vorrangig darum, sich Kontrolle über die Folgen zu verschaffen, die das Verhalten des Hundes für ihn hat. Wenn Ihr junger Hund z. B. allein zu Hause oder im Garten ist, können Sie nicht verhindern, dass er für sich entdeckt, dass Teppich ankauen und Beete umgraben lustige Tätigkeiten sind und er über den Zaun klettern kann, wenn keiner guckt. Und wenn Sie ihm beibringen wollen, Leute nicht anzuspringen, Passanten ihn aber geradezu dazu ermuntern und damit trotz Ihrer Bitten nicht aufhören, müssen Sie ihn wohl oder übel an die Leine nehmen, um seine Lernerfahrungen in Ihrem Sinne beeinflussen zu können.

Regel 3

Für den Hund wichtige Schlüsselworte (Hörzeichen) und Gesten (Sichtzeichen) werden in immer gleicher Weise gegeben und kündigen immer dasselbe Verhalten des Menschen an.

„Sitz" ist für Ihren Hund etwas völlig anderes als „Setz dich schön". Und ein „Hier!" klingt mit heller Stimme ganz anders als im Kommandoton. Wenn Sie bestimmte eigene Handlungen mit immer denselben Worten oder Gesten ankündigen (z. B. jeweils vor dem Autofahren „Auto" sagen oder beim Spaziergang an Wegkreuzungen bevor Sie abbiegen stets in die Richtung zeigen, in die Sie gehen wollen), bekommen Sie mit der Zeit einen richtig klugen Hund mit einem großen „Wortschatz". Natürlich müssen Sie das, was Sie angekündigen, dann auch tun. Wer den Hund z. B. nach einem „Nein" hin und wieder in seinem Tun fortfahren lässt, kann nicht erwarten, dass der Hund wirklich gut auf das „Nein" reagiert. Denn mal heißt „Nein" „Sofort aufhören!" und mal „Du kannst ruhig weiter machen."

Regel 4

Hat Ihr Hund eine Übung beziehungsweise eine Regel begriffen, wird er nur noch für die korrekte Ausführung beziehungsweise wirklich gutes Benehmen belohnt.

Konsequenz heißt auch, Belohnungen (d. h. Ressourcen, die dem Hund wichtig sind und über die Sie verfügen wie z.B. Leckerchen, Spielzeug, Zuwendung, Beschäftigung, Freiheit usw.) bewusst und gezielt zu verteilen. Geben Sie sich nicht mit Halbheiten zufrieden! Belohnen Sie Ihren Hund nicht für die schlampige Ausführung einer Übung, die er schon längst sehr viel besser kann.

Sie müssen bereit sein, nicht nur Kumpel, sondern auch Erzieher und Lehrer Ihres Hundes zu sein.

Blitzschnell und aufmerksam

Schnelles Handeln ist gefragt

Geschwindigkeit ist keine Hexerei

Als guter Hundeerzieher müssen Sie schnell auf das, was Ihr Hund tut, reagieren, ja womöglich schon vorbeugend eingreifen, ehe etwas passiert. Das gilt besonders für unerwünschtes Verhalten. Egal ob Ihr Hund aus dem Platz-Bleib aufsteht, verbotenerweise aufs Sofa springt oder versucht, sich aus der halb geöffneten Autotür zu quetschen: Sie haben keine Zeit, die Hände über dem Kopf zusammenzuschlagen oder lange nachzudenken – Sie müssen etwas tun, und zwar sofort. Wenn Sie dann nicht schon vorher überlegt haben, wie Sie reagieren wollen, werden Sie mit Ihren Maßnahmen wie die Kavallerie im Western immer eine Minute zu spät kommen.

Vor allem beim Bei Fuß gehen ist es entscheidend, im richtigen Moment zu belohnen.

Just in time

Mindestens ebenso bedauerlich ist es, wenn Sie den richtigen Moment zum Loben oder Belohnen verpassen. Denn Sie können sich und Ihrem Hund viel Unannehmlichkeiten ersparen und Tadel oder Strafen auf ein absolutes Minimum reduzieren, wenn Sie ihn für Wohlverhalten belohnen, noch ehe er einen Fehler gemacht hat. Dafür müssen Sie sich jedoch darauf „programmieren", Ihrem Hund bereits dann Aufmerksamkeit zu schenken, wenn er sich brav (also meist: unauffällig) verhält und nicht erst, wenn er sich danebenbenimmt.

Auf den Hund achten

Die schnellsten Erfolge erzielen Sie, wenn Sie Ihren Hund beim Lernen einer neuen Übung bereits für kleine Lernfortschritte belohnen. Wenn er z. B. bei Fuß gehen lernt, ist es anfangs schon viel, wenn er auch nur zwei bis drei Schritte aufmerksam mitgeht. Schade, wenn Sie das übersehen, weil Sie zu viel auf einmal erwarten. Denn wenn Sie die ersten zaghaften Versuche Ihres Hundes nicht entsprechend honorieren, wird er bald frustriert aufgeben. Entwickeln Sie also einen Blick für die kleinen Verbesserungen in seinem Verhalten und hegen und pflegen Sie diese durch Lob und Belohnungen.

Mit Weitblick und handwerklichem Geschick

Um all das hinzukriegen, müssen Sie möglichst genau einschätzen können, was Ihr Hund wohl als Nächstes tun wird. Das wiederum geht nur, wenn Sie etwas über Hundeverhalten wissen und Ihren eigenen Hund gut genug kennen, um seine Körpersprache richtig zu „lesen". Außerdem müssen Sie ihn natürlich immer gut beobachten, d. h. sich auf ihn konzentrieren. Sie brauchen ein Mindestmaß an handwerklicher Geschicklichkeit. Solange Sie sich selbst in der Leine verwickeln, statt Ihren Hund damit unter Kontrolle zu halten, oder immer wieder endlos in der Hosentasche nach Leckerchen fummeln müssen oder über Ihre eigenen Füße stolpern, werden Sie in der Hundeausbildung nicht viel erreichen. Die erforderlichen Handgriffe lernt man aber nur durch Übung in der Praxis. Also heißt es: fleißig üben.

Auch das motivierende Spielen mit dem Hund erfordert einiges an Koordination.

Nur Mut!

Das alles klingt jetzt sicher so, als sei Hundeerziehung eine fürchterlich anstrengende Vollzeitbeschäftigung. Aber ganz so schlimm ist es nun auch wieder nicht. Denn es geht ja vor allem um Situationen, von denen Sie wissen, dass Ihr Hund noch nicht verlässlich ist. Naturgemäß ist dies bei jungen oder neu angeschafften Hunden noch oft der Fall. Später wird das Zusammenleben wesentlich bequemer.
Es ist aber eine Tatsache, dass gute Hundeerzieher immer einen kleinen Teil ihrer Aufmerksamkeit beim Hund haben.

Beim Üben von „Sitz" bekommt der Hund das Leckerchen am besten, solange er noch sitzt.

Schauspieler und Animateure gesucht

Casting für Hundeerzieher

Wer Freude und Unmut deutlich ausdrücken kann, ist in der Hundeerziehung klar im Vorteil.

Als Hundeerzieher müssten Sie am besten Schauspieler sein und über ein ähnliches Körperbewusstsein verfügen wie ein Ballett-Tänzer. Das würde Sie dazu befähigen, Stimme und Körpersprache immer klar, ausdrucksstark und stimmig einzusetzen. Wenn Stimme und Körpersprache nicht logisch übereinstimmen (z. B. Lob mit verärgerter Stimme und gerunzelter Stirn oder „Nein!" mit dünner zaghafter Stimme und unsicherer Körperhaltung) wird Ihr Hund Ihnen höchstwahrscheinlich nicht „glauben".

Tipp

Emotionen zeigen

Wenn Sie Ihrem Hund etwas verbieten wollen oder ihn tadeln müssen, sollten Sie das mit tiefer Stimme tun. Runzeln Sie dabei die Stirn, gucken Sie streng, gehen Sie direkt auf den Hund zu, nehmen Sie eine starre Haltung mit breiten Schultern ein usw. Loben sollten Sie dagegen mit betont heller, eher hoher und fröhlicher Stimme. Dazu lächeln Sie, bewegen sich locker und eher vom Hund weg. Zeigen Sie echte Freude und Begeisterung über eine gute Leistung.

Wechselbad der Gefühle

Ganz wichtig – aber auch besonders schwer – ist es, schnell zwischen den Extremen wechseln zu können. Falls Ihr Hund z. B. etwas Verbotenes tun will und Sie ihn deswegen scharf „anpfeifen", sollten Sie sofort wieder ein freundliches Gesicht machen und ihn ehrlich loben, wenn er sich daraufhin von dem verbotenen Ding ab- und Ihnen zuwendet. Alle Gesten dürfen gern etwas übertrieben werden! Ein wenig Schauspieltraining vor dem Spiegel ist also durchaus angebracht …

Hunde-Animateur gesucht

Freie Bewegung und natürliche Erlebnismöglichkeiten sind heutzutage leider für viele Hunde eingeschränkt. Welcher Hund kann noch weitgehend ohne Leine laufen oder, wie früher auf dem Lande üblich, den ganzen Tag mit den anderen Dorfhunden herumstreunen? Hundesport, Beschäftigungsspiele, Zirkustricks usw. sind daher durchaus kein überflüssiger Schnickschnack und man macht damit auch keinesfalls einen „Affen" aus dem Hund. Diese Dinge sind vielmehr eine Möglichkeit, dem Hund das zu ersetzen, was ihm dadurch entgeht, dass er meist nicht mehr in seinem ursprünglichen Arbeitsgebiet eingesetzt wird und vielen Beschränkungen unterworfen ist. Stehen Sie also dazu, dass es Ihre Aufgabe ist, den „Animateur" für Ihren Hund zu spielen. Vor allem junge Hunde und Angehörige von ehemaligen Arbeitsrassen wollen etwas zu tun haben. Gibt man ihnen nichts vor, suchen Sie sich selbst ihre Beschäftigungen und das kann zu großen Problemen führen.

Die sittliche Reife

Es braucht wohl kaum betont zu werden, dass im Umgang mit dem Hund eine gewisse Selbstbeherrschung nötig ist. Es wäre z. B. fatal, ihn beim Zurückkommen anzuschreien, weil er Ihr Rufen zuvor „stundenlang" überhört hat. Sicher ist es verständlich, wenn Sie in manchen Situationen nahezu vor Wut überschäumen oder sehr enttäuscht von ihm sind. Sie dürfen diese Gefühle jedoch niemals an Ihrem Hund auslassen! Strafen sollte man eigentlich nie, wenn man wütend ist, sondern nur mit kühlem Kopf. Ein launischer Hundehalter ist eine Katastrophe!

Kinder und Hunde

Die nötige Selbstbeherrschung fällt Kindern naturgemäß schwer, zum Teil auch, weil sie dazu neigen, den Hund wie einen menschlichen Partner zu betrachten und sein Verhalten persönlich zu nehmen. Wenn Kinder und Jugendliche mit dem Hund umgehen oder sogar Teile der Erziehung übernehmen, müssen die Eltern immer ein Auge darauf haben, was abläuft, und sollten mit gutem Beispiel vorangehen. Kinder, die ihre Hunde anbrüllen oder gar schlagen, spiegeln oft das Verhalten der Erwachsenen wider. Andererseits ist „bewusste" Hundehaltung durchaus eine Chance zur Charakterbildung. Wer freundlich, geduldig und selbstbeherrscht mit Tieren umgeht und sie in ihrem Anderssein respektieren kann, hat sicher etwas gelernt, das ihm auch im Umgang mit seinen Mitmenschen zugute kommt.

Wenn Kinder mit Hunden spielen, sollte ein Erwachsener in der Nähe sein.

Für
KIDS

So wirst Du sein bester Freund

Hunde sind die besten Kumpel

Ist Dein Hund auch Dein bester Freund? Sicher wartet er schon auf Dich, wenn Du von der Schule kommst, hört Dir geduldig zu und ist zu allen Schandtaten bereit: Hauptsache, Du machst was mit ihm!

Kleine Sprachgenies

Hunde sind kleine Sprachgenies. Zwar verstehen sie nicht, was Du ihnen mit Worten sagst – obwohl sie die zum Teil auch lernen können –, aber sie beobachten Dich ganz genau. Ist Dir auch schon aufgefallen, dass Dein Hund weiß, wann Du wütend und wann Du traurig bist? Und ob Du ohne ihn zu Freunden gehen willst oder ob Du etwas mit ihm machst? Also spreche mit Deinem Körper: Freu Dich mit einem breitem Grinsen und fröhlichem Hüpfen, wenn er etwas gut gemacht hat, und runzle die Stirn und guck grimmig, wenn er Blödsinn macht.

Tolle Spielpartner

Die meisten Hunde spielen für ihr Leben gern. Was ist Euer Lieblingsspiel? Bällchen werfen? Tau ziehen? Das gehört zwar zu den beliebtesten Spielen, ist aber nicht immer gut. Dein Vierbeiner gerät schnell außer Rand und Band. Außerdem muss er seinen Grips nicht einsetzen. Lass ihn doch mal Leckerchen aufspüren, indem Du sie in Haus und Garten versteckst. Findet er sie hinter dem Blumentopf, unter dem Teppichrand oder auf einem unteren Ast eines Busches? Lob ihn, wenn er sie gefunden hat.

Trick-Dogs

Kann Dein Hund auch Tricks? Macht er Männchen, wenn Du ihm ein Stückchen Wurst über die Nase hältst? Lass ihn doch mal über einen Baumstamm balancieren wie ein Trapezkünstler oder über eine Hürde hüpfen wie ein Agility-Sieger. Locke ihn mit einem Stückchen Wurst und lobe ihn wie wild, wenn er es richtig macht.

Spielregeln für Hunde und Menschen

Für Hunde

- → Er darf spielen, aber Hände und Waden sind tabu. Sobald er in Hosenbeine zwicken möchte oder an den Händen knabbert, ist Schluss mit lustig. Brich das Spiel sofort ab.
- → Er hat seine eigenen Spielzeuge, mit denen er sich beschäftigen kann. Dein Teddy gehört Dir und den darf er nicht anknabbern. Auch hat er zwischen Deinen Legosteinen nichts zu suchen.
- → Pfoten runter! Wenn er Dich anspringt, drehst du Dich weg und ignorierst ihn. Erst wenn alle vier Pfoten auf dem Boden sind, bekommt er Deine Aufmerksamkeit.

Für Kinder

- → Dein Hund hat Ruhe verdient. Wenn er schläft, frisst oder Pipi macht, will er nicht gestört werden. Lass ihm etwas Zeit für sich, denn nur ein ausgeruhter Hund ist ein ausgeglichener Hund. Hunde brauchen etwa doppelt so viel Schlaf wie wir Menschen!
- → Verlier nicht die Geduld. Wenn es mal nicht klappt, darfst Du nicht wütend auf ihn sein. Überleg Dir, wie Du ihm den Trick beibringen kannst, damit er ihn versteht. Setze Deine Körpersprache ein und versuche es noch mal mit Geduld und Lob. Frag Deine Eltern, ob sie Dir helfen können.

2

Werkzeuge für Hundehalter

Das richtige Management
Erleichternde Hilfsmittel

Um das Verhalten Ihres Hundes zu beeinflussen, haben Sie folgende Möglichkeiten, die Sie wie Werkzeuge in einem Werkzeugkasten der Hundeerziehung betrachten können. Je nach Ziel, Situation und Hund kann mal das eine, mal das andere nützlich sein. Gut, wenn man weiß, wie jedes funktioniert und wann man es wofür einsetzen kann.

Management

Management bedeutet, dass Sie „technische“ Mittel benutzen, statt Ihren Hund zu erziehen. Manche Dinge sind über Erziehung nur sehr schwer zu erreichen (z. B. dass Ihr Hund im Garten bleibt). Managementmaßnahmen (z. B. der Gartenzaun) schonen die Nerven aller Beteiligten. Auch wenn Sie Ihrem Hund einen Knochen geben, um ihn eine halbe Stunde zu beschäftigen, während Sie anderes zu tun haben, ist das Management. Mit technischen Mitteln (lange Leine, geschlossene Türen usw.) können Sie sich außerdem Kontrolle über die Lernerfahrungen Ihres Hundes verschaffen. Ein Mülleimer mit Klemmdeckel verhindert z. B., dass Ihr Hund die Erfahrung macht, dass es lohnend sein kann, im Müll zu wühlen.

Ein leckerer Kauknochen verhindert so manchen Schaden an der Einrichtung.

Gefühlsmanagement

„Gefühlsmanagement“ bedeutet, dass Sie Ihren vierbeinigen Freund möglichst nie Situationen aussetzen, in denen er vor Aufregung, Stress, Angst oder Wut außer sich gerät. Bemühen Sie sich außerdem, seine hundlichen Bedürfnisse so gut zu befriedigen, dass er sich ausgeglichen fühlen und benehmen kann. Das ist nicht nur ein Gebot der Fairness und der artgerechten Haltung, sondern eine äußerst wichtige Vorbeugemaßnahme gegen die Entstehung von Problemverhalten. Beispiele: Verschaffen Sie Ihrem Hund genug Bewegung und Beschäftigung, so dass sein Drang, aus Langeweile Dinge kaputtzubeißen und zu nerven, gering bleibt. Üben Sie das Alleinbleiben in so kleinen „Portionen“, dass er sich nie aus Verlassensangst in einen Bell- und Jaulanfall hineinsteigern muss.

Beenden Sie ein sich hochschaukelndes Spiel zwischen Kind und Hund (oder mehreren Hunden), ehe Ihr Hund überdreht und beginnt zu kläffen und zu schnappen. Ängstigen Sie ihn nie durch unbeherrschtes Strafen so, dass er meint, Sie anknurren zu müssen.

Leine und Halsband

Leine

Neben einer normalen Hundeleine ist eine lange Leine (ca. sechs bis zehn Meter, eventuell mit Ruckdämpfer) sehr nützlich für die Erziehung. Allerdings kommt eine lange Leine bei einem großen Hund nur infrage, wenn er sie respektiert, was er am besten schon im Welpenalter lernt. Rennt er nämlich mit Anlauf hinein, kann man ihn nicht halten. Eine Ausroll-Leine ist zum Spazierengehen praktisch, damit Ihr Hund etwas mehr Bewegungsfreiheit hat. Für die Erziehung ist sie nur bedingt geeignet, weil die leichte Spannung ihn stets daran erinnert, dass er angeleint ist.

Ein längerer Spaziergang in Feld und Wald wäre an der kurzen Leine sehr langweilig.

Halsband oder Brustgeschirr

Um die Leine am Hund zu befestigen, brauchen Sie ein Halsband oder ein Brustgeschirr. Das Halsband sollte breit sein (bei großen Hunden mindestens zwei bis drei Zentimeter) und eng anliegen (so dass Sie gerade zwei bis drei Finger darunterschieben können). Aus einem zu locker umgelegten Halsband kann der Hund herausschlüpfen und es drückt außerdem sehr auf seinen Kehlkopf. Ein eng anliegendes Halsband verteilt dagegen den Zug oder Druck ggf. gleichmäßig um den ganzen Hals.

Ein Brustgeschirr ist ebenfalls eine gute Sache und eine Chance für einen Neuanfang, wenn ein Hund sich schon angewöhnt hat, am Halsband reflexartig zu ziehen. Es sollte ebenfalls eher eng anliegen, darf aber nicht unter den Achseln kneifen oder scheuern.

Ein Brustgeschirr ist eine hundefreundliche Methode, um eine Leine am Hund zu befestigen.

Das hast Du toll gemacht!

Richtig belohnen

Das richtige Timing

Lob und Tadel sind Hörzeichen, die eine Belohnung oder eine Strafe begleiten und vor allem auch ankündigen und dadurch das Timing-Problem lösen helfen. Wenn Sie Ihren Hund nicht in der richtigen Sekunde belohnen oder bestrafen können, können Sie ihm doch im richtigen Moment eine Belohnung oder Strafe ankündigen, was beinahe genauso wirksam ist, wie die Maßnahme selbst.

Für viele Hunde sind Spielen oder Apportieren wirksame Belohnungen.

Lob

Loben Sie mit freundlicher, eher hoher Stimme und einem Lächeln. Am besten benutzen Sie zwei Sorten von Lob. Erstens ein ruhig gesprochenes (z. B. „Braaav"), mit dem Sie Zufriedenheit und Zustimmung ausdrücken und nach dem es gelegentlich eine Streicheleinheit und nur ab und zu ein Leckerchen gibt. Zweitens einen begeisterten kurzen Ausruf (z. B. „Fein!"), nach dem Ihr Hund jedes Mal ein Leckerchen oder Spielzeug bekommt. Mit diesem „Zauberwort" kennzeichnen Sie den Moment, in dem Ihr Hund etwas macht, das Sie belohnen wollen.

Richtig belohnen

Belohnungen sind ein sehr mächtiges Erziehungsmittel. Alles, was Sie regelmäßig belohnen, wird Ihr Hund mit der Zeit öfter und zuverlässiger tun. Allerdings nur, wenn die Belohnung ihn auch wirklich freut! Ein Leckerchen oder ein Spielzeug, das Sie ihm aufdrängen müssen, ist keine Belohnung. Zuwendung von Ihnen oder das tun zu dürfen, was er gerade will, dagegen schon! Wenn Sie Ihrem Hund z. B. die Tür öffnen, wenn er gerade hinaus will, ist das immer auch eine Belohnung für das, was er gerade in der Sekunde davor getan hat. D. h. er wird es bald häufiger tun – sei es drängeln und kläffen oder ruhig warten!

Leckerchen

Als Belohnung im Training sind Leckerchen am praktischsten. Sie sollten abwechslungsreich und schmackhaft, aber möglichst klein sein (für große Hunde etwa so groß wie ein Viertel Frolic-Ring, für kleine wie ein Katzenbreckie). Bringen Sie die Leckerchen griffbereit unter. „Markieren“ Sie stets mit dem Wort „Fein!“ den Moment, in dem Sie Ihren Hund belohnen möchten. Erst danach greifen Sie nach dem Leckerchen. Ihr Hund wird so viel besser verstehen, wofür genau er das Leckerchen bekommt.

Tipp

Gezügelte Gier

Bringen Sie Ihrem Hund bei, Leckerchen vorsichtig zu nehmen. Überlassen Sie Ihrem Hund ein Leckerchen grundsätzlich nur, wenn er es vorsichtig aus Ihrer Hand nimmt. Kneift oder schnappt er, sagen Sie „Äh-äh“ und halten das Leckerchen mindestens fünf Sekunden zurück, ehe Sie es ihm erneut anbieten.

Leckerchen-Lotto

Wenn Ihr Hund gerade etwas Neues lernt, belohnen Sie ihn jedes Mal, wenn er es richtig macht. So begreift er am schnellsten, was Sie von ihm wollen. Hat er die Sache begriffen, belohnen Sie nicht mehr jedes Mal. Statt „Fein“ und Leckerchen gibt es nur ab und zu ein „Brav“. Möglicherweise ist Ihr Hund anfangs etwas enttäuscht und macht vorübergehend nicht mehr so gut mit. Er wird sich aber schnell daran gewöhnen. Hat er akzeptiert, dass es nur noch für ca. jede dritte oder vierte Wiederholung eine Belohnung gibt, gehen Sie zum Zufallsprinzip über: Völlig unvorhersehbar für Ihren Hund gibt es mal eine Belohnung, aber manchmal (immer öfter) auch keine mehr. Dauerhaft auf alle Belohnungen verzichten können Sie allerdings nie. Wenigstens ab und zu muss er belohnt werden, sonst „streikt“ er irgendwann.

Soll der Hund mit Futter belohnt werden, muss er unbedingt lernen, es vorsichtig aus der Hand zu nehmen.

Schluss damit!

Richtig strafen

Strafe hilft nur, wenn sie immer, sofort und angemessen angewandt wird. Verzichten Sie lieber darauf, wenn Sie die Anforderungen nicht erfüllen können.

Tadel

Verwenden Sie am besten auch zwei Arten von Tadel. Ein Hörzeichen (z. B. „Naaa!") bedeutet: „Hör sofort auf damit, sonst gibt es Ärger!" Sprechen Sie es mit tiefer, knurriger und etwas lauterer Stimme aus und schreiten Sie gegebenenfalls energisch ein, falls er es nicht sofort unterlässt. Ein anderes Hörzeichen (z. B. „Äh-äh") hat die Bedeutung: „Was du gerade vorhast, kannst du auch lassen, es funktioniert nämlich nicht!" Das „Äh-äh" wird freundlich-bedauernd ausgesprochen. Sollte er nicht darauf hören, strafen Sie ihn nicht, sondern sorgen Sie nur dafür, dass er keinen Erfolg hat, z. B. indem Sie ihn mit der Leine zurückhalten oder etwas, das er sich nehmen wollte, aus seiner Reichweite schieben.

Strafe

Strafe ist sehr schwierig zu handhaben. Denn wenn Sie auf falsche Weise strafen (etwa für die falschen Dinge, im falschen Moment, zu oft), verfehlen Sie nicht nur Ihr Ziel, sondern ängstigen Ihren Hund und verlieren sein Vertrauen. Trotzdem kann Strafe gelegentlich angebracht sein. Es macht nur dann Sinn, darauf zurückzugreifen, wenn Sie Folgendes beachten:

- Immer nur dann strafen, wenn Sie Ihren Hund auf frischer Tat ertappen – am besten, wenn er gerade dazu ansetzt, das Verbotene zu tun!

Ein Abdrängen des Hundes ist eine leichte Drohgeste und kann manchmal ungebärdiges Verhalten stoppen.

- So hart (aber individuell angepasst!) strafen, dass er beeindruckt ist. Er muss sein Tun sofort abbrechen!
- Sie müssen ihn ausnahmslos jedes Mal bestrafen, wenn er das entsprechende Verhalten ausführen will. Inkonsequenz ist absolut „tödlich".
- Hat Ihr Hund eine Tätigkeit bereits ein paar Mal ausgeführt und Spaß dabei gehabt, nützt Strafe nicht mehr viel. Strafen Sie also nur, wenn Sie ihn beim ersten oder zweiten Mal erwischen.

Tipp

Strafen oder nicht?

Ehe Sie beschließen, Ihrem Hund ein bestimmtes Verhalten mit Strafe abzugewöhnen, überlegen Sie, ob Sie wirklich alle Regeln einhalten können. Falls nicht, ist es besser, wenn Sie es gar nicht erst mit Strafe versuchen!

- Ebenso wie eine Belohnung sollten Sie eine Strafe ankündigen („Naaa!"). Hört Ihr Hund sofort mit seinem Tun auf, wird er nicht bestraft.
- Ignorieren Sie Ihren Hund nach einer Strafe einige Sekunden lang, damit er Zeit hat, sich wieder zu fassen.

„Unpersönliche" Strafen

Bei erwachsenen Hunden sollte man keinen Nackengriff benutzen. Erstens sollte er nicht mehr nötig sein, zweitens wissen Sie bei einem erst im Erwachsenenalter angeschafften Hund nicht, ob er sich das gefallen lässt. Gegebenenfalls kann man eine „unpersönliche" Strafe verwenden. Geeignet wäre z. B. der Strahl einer Wasserpistole oder ein „Wurfgeschoss" (z. B. ein Kissen oder eine Blechdose mit Münzen darin), das man in der Nähe des Hundes auf den Boden wirft. Auch dies sollte höchstens zwei bis drei Mal durchgeführt werden, um das „Naaa!" anzutrainieren.

Bei einem erwachsenen Hund kann man einen Schnauzgriff nur anwenden, wenn ein Vertrauensverhältnis besteht.

EXTRA
Welpen und Junghunde

Hundemütter haben in der Regel ein Engelsgeduld.

Unter Hunden

Welpen können ganz schön nervtötend sein. Die erwachsenen Hunde des Rudels reagieren auf ihre dauernden Spielaufforderungen, ihr Stupsen, Anspringen und Spielbeißen in der Regel sehr gelassen, ignorieren das meiste davon oder gehen einfach weg, wenn es ihnen zu viel wird. Doch irgendwann reicht es auch dem duldsamsten Althund. Er guckt drohend, knurrt oder bellt. Der Welpe versteht das anfangs nicht und macht munter weiter. Je nach Situation und Temperament umfasst der Althund dann die Schnauze des Welpen, schnappt warnend in seine Richtung (wobei es passieren kann, dass er ihn umschubst) oder straft die kleine Nervensäge etwas härter ab, indem er sie kurz zu Boden drückt. All dies bedeutet: „Schluss jetzt"! Mit der Zeit lernt der Welpe die Warnsignale und Knurren oder böse Gucken reichen aus, um ihn zu stoppen.

Strafen wie im Rudel

So können Sie das Verhalten eines erwachsenen Hundes gegenüber einem Welpen nachahmen, der nicht auf sein warnendes Knurren (unser „Naaa!") hört:

→ Machen Sie mit drohender Körpersprache und bösem Blick ein paar schnelle Schritte auf den Hund zu. Dazu schimpfen Sie – nur ein paar Sekunden lang – mit lauter, tiefer Stimme. Hat Ihr Hund nicht aufgehört, bis Sie bei ihm ankommen, schubsen Sie ihn unwirsch beiseite.

→ Greifen Sie ihm von oben für nur 1 bis 2 Sekunden mit offener Hand über die Schnauze und schieben diese zur Seite. Reicht das nicht, wiederholen Sie den Griff etwas härter, aber stets nur kurz.

→ Reicht der Schnauzgriff nicht, drücken Sie ihn mit offener Hand schnell und energisch für ein bis zwei Sekunden im Nackenbereich

Gewöhnung

Hunde müssen sich leider an manches gewöhnen, das für sie unnatürlich und eher unangenehm ist, wie z. B. allein zu bleiben, im Auto mitzufahren oder einen gewissen Lärm zu ertragen. Dabei wird oft der Fehler gemacht, den Hund gewissermaßen kopfüber ins kalte Wasser zu stürzen. Überfordert ihn dies – bekommt er Angst oder muss z. B. beim Autofahren brechen –, hat er einen sehr negativen ersten Eindruck von der Sache bekommen, was die weitere Gewöhnung extrem erschwert. Grundsätzlich muss eine Gewöhnung daher in so kleinen Schritten erfolgen, dass der Hund auf jeder Stufe noch gut mit der neuen Situation klarkommt. So behält der Kleine auch das Vertrauen.

Ein kurzer Schnauzgriff bedeutet „Lass das!", wirkt allerdings nicht bei sehr aufgeregten Hunden.

Je angenehmer die ersten Erfahrungen mit dem Auto sind, desto besser.

zu Boden. Gegebenenfalls wiederholen Sie das Ganze etwas härter. Auf keinen Fall schütteln, auf den Rücken drehen oder länger unten festhalten!

Nur wenige Anwendungen nötig

Der Nackengriff eignet sich vor allem für Welpen und Junghunde und sollte nur wenige Male nötig sein, um den Warnlaut „Naaa!" zu etablieren. Falls nach ca. ein bis vier Wiederholungen in verschiedenen Zusammenhängen das „Naaa!" allein nicht ausreicht, läuft etwas falsch. Vermutlich sind Sie zu langsam und zu lasch. Vielleicht haben Sie aber auch einen der eher seltenen erregbaren und stressempfindlichen Welpen, die bei jeder körperlichen Zurechtweisung eskalieren, statt sich zurückzunehmen. Greifen Sie dann auf andere Mittel (z. B. Management, Auszeit) zurück!

Dem Unfug keine Chance

Ignorieren und Auszeit

Ignorieren

Vor allem bei aufmerksamkeitsheischendem und lästigem Verhalten wie Anspringen, Anbellen als Spielaufforderung, ständigem Anstupsen zum Gestreicheltwerden oder Betteln ist Ignorieren das beste Mittel. Tun Sie so, als sei Ihr Hund Luft, sobald er anfängt, Sie zu belästigen. Ignorieren heißt: nicht angucken, nicht anfassen und nicht ansprechen – auch nicht schimpfen! Umgekehrt schenken Sie ihm gezielt Aufmerksamkeit, wenn er sich manierlich benimmt. Man kann Hunde, die sich solch ein Verhalten bereits angewöhnt haben, nach diesem Schema auch umerziehen. Sie müssen allerdings mit „Trotzanfällen" rechnen: Ihr Hund wird zunächst noch hartnäckiger „nerven", wenn Sie ihn ignorieren. Bleiben Sie konsequent! Wenn Sie nachgeben, lernt er nur, beim nächsten Mal noch hartnäckiger zu sein.

Schon das bloße Angucken des Hundes kann auf ihn ermutigend wirken.

Einsatz der Auszeit

Eine Art Steigerung des Ignorierens ist die so genannte Auszeit. Auszeit bedeutet, dass Sie Ihrem Hund gezielt etwas entziehen, das er haben möchte. Kurz gesagt: Verbannen Sie ihn vorübergehend aus Ihrer Nähe nach dem Motto: „Wenn du dich nicht benehmen kannst, kannst du eben nicht bei uns sein." Die Auszeit wird eingesetzt, wenn das Ignorieren nicht geht oder der Hund ein Verhalten zeigt, das ihm Spaß macht, auch ohne dass man ihm dafür Aufmerksamkeit schenkt.

So funktioniert's

Leiten Sie, sobald sich Ihr Hund „schlecht" benimmt, Ihre Erziehungsmaßnahme mit einem Kennwort ein (z. B. „Das war's!") und bringen ihn dann blitzschnell in einen Nebenraum (oder binden Sie ihn ein paar Meter entfernt an). Ignorieren Sie ihn etwa dreißig bis sechzig Sekunden, danach lassen Sie ihn wieder frei und tun so, als wäre nichts geschehen. Er hat nun die nächste Chance, sich gut zu benehmen. Wichtig ist, dass Sie das Wegbringen durchziehen, selbst wenn er sich mit allen vieren dagegenstemmen sollte. Sprechen Sie nicht mit ihm und fassen Sie ihn so wenig wie möglich an, da er dies als Aufmerksamkeit werten könnte. Damit Sie ohne entwürdigende Hetzjagd um den Wohnzimmertisch auskommen, sollte Ihr Hund in der Umerziehungszeit eine Schleppleine (ein bis zwei Meter) tragen, an der Sie ihn ergreifen können. Vermutlich müssen Sie die Prozedur ein paar Mal wiederholen, ehe Ihr Hund den Zusammenhang zwischen Unfug und Aus- zeit begreift, doch anschließend ist die Auszeit ein sehr wirksames Erziehungsmittel.

> **→ Gezielter Einsatz**
> Selbstverständlich dürfen Sie Ihren Hund weder dauernd ignorieren noch dauernd aussperren, sondern immer nur für kurze Zeit und gezielt als Konsequenz einer Regelübertretung!

Sich durchsetzen

Vielleicht müssen Sie sich Ihrem Hund gegenüber auch mal per Zwang durchsetzen, z. B. wenn er für eine medizinische Untersuchung festgehalten werden muss, er im Auto versucht, auf die Vordersitze zu klettern, oder er an der Leine partout in eine andere Richtung will als Sie. Auch dabei kann es zu Reaktionen kommen, die einem Trotzanfall gleichen – besonders wenn Sie versäumt haben, solche Dinge im Welpenalter zu üben. Hunde können wie Eselchen bocken, sich wie ein Aal winden oder sich auf den Boden fallen lassen und schwer machen wie ein Kartoffelsack. Sie dürfen aber gerade dann keinesfalls nachgeben! Ihr Hund würde sonst die verhängnisvolle Erfahrung machen, dass er mit solchem Verhalten seinen Willen durchsetzen kann.

Ziehen Sie Ihr Vorhaben also trotzdem durch – ohne Bitten oder Zögern, aber Loben Sie ihn auch herzlich, sobald er nachgibt. Er wird das Ganze dann nicht übel nehmen und Sie werden sich auch nur wenige Male durchsetzen müssen. Traumatisch wäre es für ihn, wenn Sie ihn anschreien oder sonst wie einschüchtern oder zur Strafe absichtlich grob anpacken würden. Und natürlich dürfen Sie keinen Zwang anwenden, um ihn an etwas heranzuzerren, das ihm Angst macht!

Anfangs ist der Welpe noch etwas kitzelig und zappelt herum, wenn er angefasst wird. Doch später klappt es prima.

So versteht es jeder Hund

Hör- und Sichtzeichen lehren

Egal was Sie Ihrem Hund beibringen wollen – das Prinzip ist immer gleich. Zuerst müssen Sie wissen oder ausprobieren, wie Sie Ihren Hund dazu bringen können, das gewünschte Verhalten auszuführen (z. B. durch Locken mit einem Leckerchen). Loben und belohnen Sie ihn in diesem Stadium schon, wenn er das Richtige tut. Ein Hörzeichen verwenden Sie aber erst, wenn Sie sicher sind, dass Sie ihn zuverlässig und wiederholt dazu bringen können, das Gewünschte zu tun. Sagen Sie ab da das Hörzeichen dazu, und zwar jeweils nur einmal ca. zwei Sekunden, ehe Sie das Verhalten auslösen. Im weiteren Verlauf der Übungen, während Ihr Hund durch Wiederholung Routine bekommt und sich das neue Hörzeichen merkt, bauen Sie allmählich die anfänglich verwendeten Hilfen und Lockmittel ab. Dabei wird z. B. aus der Lockbewegung mit dem Leckerchen in der Hand eine kleine Handbewegung (Sichtzeichen). Soll Ihr Hund auch lernen, auf das Hörzeichen allein (ohne unterstützendes Sichtzeichen) zu hören, lassen Sie die Zeitlücke zwischen Hör- und Sichtzeichen allmählich immer größer werden (bis zu zehn

Aus der Lockbewegung mit dem Leckerchen wird allmählich ein Sichtzeichen.

Warten Sie nach dem Hörzeichen „Platz" ein paar Sekunden. Wenn nötig helfen Sie dann mit einem Sichtzeichen nach.

Sekunden). Früher oder später reagiert er dann bereits auf das Hörzeichen allein. Loben und belohnen Sie ihn bis zu diesem Stadium noch jedes Mal, wenn er das Gewünschte tut.

Unter Ablenkung

Nachdem Ihr Hund das neue Hörzeichen (Sichtzeichen) in den Grundzügen begriffen hat, müssen Sie das Gelernte festigen. Für Ihren Hund ist nämlich noch lange nicht klar, dass ein in der ablenkungsfreien Küche gelerntes „Sitz" auch im Wohnzimmer gilt oder auf der Straße, wenn ein anderer Hund vorbeikommt. Gehen Sie die Übung also an ganz verschiedenen Orten und in ganz verschiedenen Situationen durch. Ist er dabei anfangs verwirrt oder abgelenkt (was ganz normal ist!), helfen Sie ihm mit der Lockbewegung vom Beginn des Trainings. Wiederholen Sie die Übung auf diese Art mindestens einige Dutzend Mal, wobei Sie ihn immer noch sehr großzügig loben und belohnen. Nun kennt Ihr Hund die neue Übung schon sehr gut und Sie können die Belohnungen verringern (siehe: „Richtig belohnen").

Kurze Wiederholungen

Damit Ihr Hund in Übung bleibt und noch zuverlässiger wird, müssen Sie alle ihm bekannten Hör- und Sichtzeichen immer mal wieder mit ihm durchgehen. Üben Sie aber immer nur wenige Minuten am Stück oder zwischendurch im Alltag. Fordern Sie Ihren Hund, indem Sie sich immer wieder neue Varianten der Übungen ausdenken und die Rahmenbedingungen weiter verändern (an anderen Orten, unter Ablenkung), aber überfordern Sie ihn nicht! Wenn Ihr Hund nicht mehr gut mitmacht, ist das in aller Regel ein Zeichen dafür, dass Sie Ihre Ansprüche zu schnell erhöht oder die Belohnungen zu schnell verringert haben – oder dass Sie ihn mit endlosen langweiligen Wiederholungen nerven!

Auf einen Blick

Die wichtigsten Signale

„Sitz!“

Ausführung: Hund setzt sich
Hörzeichen: „Sitz!“
Sichtzeichen: nach oben gestreckter Zeigefinger

So bringen Sie es bei:

- Klemmen Sie ein Leckerli zwischen Daumen und Mittelfinger, während der Zeigefinger als Sichtzeichen nach oben gestreckt wird.
- Nun führen Sie die Hand direkt über den Kopf des Hundes. Geben Sie das Hörzeichen „Sitz!“, während sich der Hundepo zu Boden senkt.
- Geben Sie dem sitzenden Hund sofort das Leckerchen und loben Sie ihn.
- Nach 2 bis 3 Sekunden erfolgt das Auflösesignal „Lauf!“

„Platz!“

Ausführung: Hund legt sich
Hörzeichen: „Platz!“
Sichtzeichen: nach unten zeigende Handfläche

So bringen Sie es bei:

- Klemmen Sie das Leckerchen zwischen Daumen und Zeigefinger. Die Handfläche zeigt waagrecht zum Boden.
- Führen Sie die Hand vor dem Hund auf den Boden.
- Wenn der Hund mit dem ganzen Körper folgt und sich hinlegt, geben Sie das Hörzeichen „Platz!“, er erhält sein Leckerchen und wird gelobt.
- Geben Sie ihn nach 2 bis 3 Sekunden mit einem „Lauf!“ frei.

So geben Sie Sicherheit

- Alle Signale haben immer die gleiche Bedeutung und heißen immer gleich.
- Hörzeichen werden immer in ruhigem, freundlichen Tonfall ausgesprochen.
- Für korrekt ausgeführte Übungen gibt es immer ein Lob und anfangs auch jedes Mal ein Leckerchen.
- Üben Sie zu Beginn nur kurz und enden Sie immer mit einem Erfolgserlebnis.
- Beginnen Sie in einer ablenkungsarmen Gegend und steigern Sie die Umweltreize langsam während des Trainings.

„Bleib!“

Ausführung: Hund bleibt liegen oder sitzen
Hörzeichen: „Bleib!“
Sichtzeichen: Senkrecht gehaltene Handfläche, die wie ein Stoppschild zum Hund zeigt

So bringen Sie es bei:

→ Der Hund befindet sich im Sitz oder Platz. Sie geben Ihrem Hund das Hörzeichen „Bleib!“, halten die Handfläche als Sichtzeichen in seine Richtung und entfernen sich 2 bis 3 Schritte.

→ Gehen Sie nun wieder zum Hund zurück, loben ihn und geben ihm sein Leckerchen.

→ Anschließend wird er mit einem „Lauf!“ aus der Übung entlassen.

„Bei Fuß!“

Ausführung: Der Hund geht ohne Leine auf Kniehöhe neben Ihnen her
Hörzeichen: „Fuß!“
Sichtzeichen: Nehmen Sie ein sehr gutes Leckerli in die Hand und lassen Sie den Arm seitlich herunterhängen

So bringen Sie es bei:

→ Sie halten ein Leckerchen in der Hand und rufen den Hund zu sich. Loben Sie ihn und positionieren Sie ihn an ihrer linken Seite.

→ Halten Sie ihm das Leckerchen vor die Nase und gehen Sie 2–3 Schritte.

→ Geben Sie dabei das Hörzeichen „Fuß!“.

→ Der Hund befindet sich in der „Bei Fuß!“-Position, während er versucht, an das Leckerchen zu gelangen.

→ Nach 2–3 Schritten belohnen Sie ihn.

„Komm!“

Ausführung: Hund kommt freudig zu Ihnen
Hörzeichen: „Komm!“
Sichtzeichen: Gehen Sie in die Hocke oder stehen Sie mit lockerer Körperhaltung

So bringen Sie es bei:

→ Üben Sie in ablenkungsarmer Umgebung. Rufen Sie Ihren Hund (Hörzeichen: Name des Hundes + „Komm!“) anfangs nur, wenn er gerade guckt, sich ohnehin auf dem Weg zu Ihnen befindet oder Sie sich ganz sicher sein können, dass er auch wirklich kommen wird.

→ Während er auf Sie zuläuft, wiederholen Sie das „Komm!“ mit freundlicher Stimme.

→ Bei Ihnen angekommen, wird er gelobt, bekommt ein Leckerchen und wird mit einem „Lauf!“ wieder freigegeben.

„Leine!“

Ausführung: Der Hund geht an der lockeren Leine
Hörzeichen: keins
Sichtzeichen: stehen und gehen

So bringen Sie es bei:

→ Der Hund soll die Leine mit etwas positivem verbinden. Loben Sie ihn ruhig, wenn Sie ihn an- und ableinen.

→ Die Leine ist das Signal. Hängt sie locker durch, gehen Sie weiter. Strafft sie sich, bleiben Sie sofort stehen.

→ Wenn sich Ihr Hund Ihnen zuwendet und einen Schritt auf Sie zukommt – die Leine sich also wieder lockert, – loben Sie ihn und gehen weiter.

3

Erziehen und beschäftigen

Schau zu mir

Mit geballter Aufmerksamkeit

Blickkontakt und Folgen

Ganz entscheidend ist, dass Sie jederzeit die Aufmerksamkeit Ihres Hundes gewinnen können. Um ihm beizubringen, sich auf Ihr Zeichen zu Ihnen umzudrehen und gegebenenfalls näherzukommen, nehmen Sie, von ihm unbemerkt, ein Leckerchen in die Hand. Schnalzen Sie (alternativ: sagen Sie seinen Namen, klopfen sich ans Bein), wenn er gerade ein bis zwei Meter von Ihnen entfernt und nicht besonders abgelenkt ist. Schaut er sich daraufhin zu Ihnen um, loben Sie ihn augenblicklich überschwänglich und reichen ihm das Leckerchen. Falls Ihr Hund nicht reagiert, versuchen Sie es etwas später, wenn er weniger abgelenkt ist, noch einmal. Keinesfalls sollten Sie ihn an der Leine zu sich heranziehen! Reagiert er nach einigen Wiederholungen schon gut auf Ihre „Ansprache", loben Sie ihn wie bisher, wenn er sich umschaut, drehen sich aber zusätzlich um und gehen flott von ihm weg. Holt er Sie ein, bekommt er sein Leckerchen. Das Weggehen motiviert ihn zusätzlich, denn Ihr Zeichen bedeutet für ihn: „Pass auf, dein Mensch läuft weg!"
Nach und nach üben Sie auch gezielt in Situationen mit einer gewissen

Superbelohnungen

- Besondere Leckerchen: Leberwurstbrot, Trockenfisch, getrocknete Leber, Käse
- Spiele: Tauziehen, Frisbee jagen
- Sozialspiele: rennen, herumtollen, knuddeln
- Beliebte Tätigkeiten: Ball/Futter suchen, an interessanten Stellen herumschnüffeln, Spiel mit Hunden

Hin und wieder können Sie testen, ob Ihr Hund auch bei Ablenkung schon gut auf Ihre „Ansprache" reagiert.

Menschenhände sind interessant. Daher lernen Hunde das Anstupsen schnell.

Ablenkung. Die beiden Hilfsmittel „rasches Weggehen“ und die „sofortige Leckerchengabe“ können später weitgehend wieder abgebaut werden.

Dicht herankommen

Auch wenn Ihr Hund gern bei Ihnen ist: Jederzeit dicht heranzukommen und sich problemlos am Halsband fassen zu lassen, ist für ihn nicht selbstverständlich, da es nur zu oft das Ende der Freiheit bedeutet. Fassen Sie also gelegentlich einfach von unten oder von der Seite in das Halsband Ihres Hundes und ziehen ihn etwas zu sich heran. Loben Sie ihn, geben ihm aus der anderen Hand ein Leckerchen – und lassen ihn wieder laufen! So verknüpft er die Aktion positiv und gewöhnt sich nicht an, Ihrer Hand auszuweichen.

Anstupsen

Bringen Sie ihm am besten auch bei, dass er an Ihre Hand anstupst. Sie können ihn dann mit der Hand leicht dirigieren und eng zu sich heranlocken. Suchen Sie sich ein Handzeichen aus (Faust, Handfläche, „Victory“-Zeichen o. Ä.). Machen Sie Ihr Handzeichen wenige Zentimeter vor der Nase Ihres Hundes – er wird an der Hand schnuppern oder stupsen. Im selben Moment loben Sie („Fein!“) und geben ihm ein Leckerchen aus der Tasche. Klappt das im Nahbereich, machen Sie Ihr Handzeichen auch, wenn er einige Meter von Ihnen entfernt ist und Sie gerade ansieht. Kommt er heran und stupst, loben und belohnen Sie ihn. Üben Sie auch, ihn mit dem Handzeichen an Ihre linke oder rechte Seite zu holen.

Komm und bleib bei mir

„Hier“ und „Bei Fuß“

Wenn Sie die zuvor geschilderten Übungen zusammensetzen, haben Sie die Grundlage für das so wichtige Kommen auf Ruf. Machen Sie Ihren Hund aufmerksam oder warten Sie auf einen Moment, in dem er von sich aus guckt. Rufen Sie einmal mit freudigem Unterton (z. B. „Hier!“). Loben Sie ihn herzlich, während er auf Sie zuläuft. Kommt er näher, machen Sie Ihr Handzeichen. Ist er an Ihrer Hand angekommen, gibt es eine Belohnung. Erst nach etlichen Wiederholungen versuchen Sie ihn auch zu rufen, wenn er gerade abgelenkt ist. Um ihn zum Kommen zu motivieren, bewegen Sie sich von ihm weg und locken ihn anfangs mit einem Leckerchen oder Spielzeug. Bedenken Sie, dass Sie beim Rufen ohne Netz und doppelten Boden arbeiten, wenn Ihr Hund nicht angeleint ist! Fürs Kommen erhält er deshalb öfter eine Superbelohnung. Um die Verknüpfung mit dem Hörzeichen „Hier!“ zu stärken, rufen Sie es immer mal wieder, wenn er ohnehin gerade auf Sie zuläuft. Vermeiden Sie es, zu rufen, wenn sowieso keine Aussicht besteht, dass er kommt.

Grabschen Sie nicht nach Ihrem Hund – lassen Sie ihn zu sich heran kommen.

„Lauf!“

Dieses angenehme Hörzeichen bedeutet für Ihren Hund, dass er jetzt wieder tun kann, was er will. Es hebt Hörzeichen wie „Fuß“ und „Bleib“ auf und nach dem Kommen schicken Sie ihn mit „Lauf!“ los. Er wird das Wort schnell begreifen, wenn Sie ihn zum Aufstehen ermuntern oder ein wenig mit ihm spielen.

Bei Fuß gehen

Ihr Hund sollte lernen, auf Ihr Zeichen („Fuß!“) heranzukommen und neben Ihnen zu gehen. Eventuell bekommen Sie ihn mit dem Schnalzen aus der ersten Grundübung oder mit dem Handzeichen für „Komm an meine Hand“ dazu. Andernfalls nehmen Sie anfangs ein paar Leckerchen in die Hand und locken ihn damit. Zuerst halten Sie ihm das Leckerchen direkt vor die Nase, später nehmen Sie es höher. Loben und belohnen Sie ihn, wenn er herankommt und auch während er neben Ihnen geht – anfangs alle paar Schritte, später natürlich seltener. Funktioniert das regelmäßig, kommt das Hörzeichen „Fuß“ dazu. Geben Sie ihn immer am Ende der Übung mit „Lauf!“ frei.

„Bei Fuß…"
… und Voooran!"

An lockerer Leine

Da man nicht von einem Hund verlangen kann, ununterbrochen aufmerksam bei Fuß zu gehen, wann immer er angeleint ist, muss er lernen, nicht an der Leine zu ziehen. Ein spezielles Hörzeichen ist dafür nicht nötig, jedoch viel Durchhaltevermögen und eine eiserne Konsequenz Ihrerseits! Je früher im Leben Ihres Hundes Sie anfangen, desto besser. Am Besten geht das Training nach dem „Ampelprinzip": Sobald Ihr Hund zieht, bleiben Sie stehen (rot). Gehen Sie erst weiter, wenn er an lockerer Leine ungefähr neben Ihnen ist. Kommt er nicht von selbst zurück, ziehen Sie ihn nach einer Weile an Ihre Seite, warten einen Moment (gelb) und gehen dann weiter. Geht er so mit, dass die Leine locker bleibt (grün), loben und/oder belohnen Sie ihn gelegentlich und steuern ruhig auch mal Stellen an, zu denen er gern hin möchte (z. B. um zu schnuppern). Gehen Sie zügig, denn es ist für einen Hund eine Zumutung, sich Ihrem „Schneckentempo" anpassen zu müssen.

Stopp and Go

Wenn Sie absolut konsequent sind und schnell reagieren, können Sie das Problem in drei bis vier Wochen „geknackt" haben, gelegentliche Rückfälle bei starker Ablenkung (Hunde, Wild…) oder Stress einmal ausgenommen. Der erste Spaziergang nach der neuen Regel wird der schlimmste sein. Eventuell kommen Sie in einer Stunde nur 200 Meter weit. Falls Sie im Alltag Probleme mit der Konsequenz haben, können Sie zwischen Halsband und Brustgeschirr wechseln: Am Geschirr darf Ihr Hund ziehen, am Halsband nie (oder umgekehrt).

Tipp

Zeit zum Tragen

Viele Welpen sträuben sich bis zum Alter von ca. vier Monaten, an der Leine mitzugehen, weil ein starker Instinkt ihnen rät, beim Lager zu bleiben. Locken oder tragen Sie Ihren Welpen dann ruhig. Das Problem wächst sich aus.

So wunderschön aufmerksam kann er natürlich nicht den ganzen Spaziergang mitgehen.

Das kleine 1x1 für Hunde

„Sitz“ und „Platz“

Traditionell bringt man dem Hund die Positionen „Sitz“ (sitzen) und „Platz“ (liegen) bei. Beides dient dazu, ihn für kurze Zeit an einen bestimmten Platz zu bannen. Im Alltag ist die Unterscheidung aber höchstens bei sehr großen Hunden wichtig. Sie können Ihrem Hund daher auch nur das meist einfachere „Sitz“ beibringen und es ihm überlassen, ob er sich letztendlich hinlegen will, wenn die Übung etwas länger dauert. Dies empfiehlt sich z.B. bei kleinen Terriern oder Dackeln, die oft nur sehr ungern „Platz“ machen.

Sitz

Halten Sie ihm ein Leckerchen ein bis zwei Zentimeter vor die Nase und bewegen Sie es nach hinten-oben. Wenn er dem Leckerchen folgt, setzt er sich automatisch – sagen Sie „Fein!“ und geben ihm das Leckerchen.

Platz

Aus dem Sitzen bekommen Sie ihn ins Liegen, indem Sie ihm ein Leckerchen vorhalten und es senkrecht nach unten auf den Boden bewegen. Legt er sich, loben Sie ihn („Fein!“) und geben ihm

Prinzipiell kann natürlich jeder Hund lernen, „Sitz“ und „Platz“ zu unterscheiden.

das Leckerchen. Klappt es nicht sofort, bleiben Sie hartnäckig. Versuchen Sie es gegebenenfalls mit besonders guten Leckerchen und auf einem weichen Teppich. Erst wenn Sie ihn reibungslos in die Positionen locken können, sagen Sie jeweils vorher das entsprechende Hörzeichen. Bei weiteren Übungen verbergen Sie das Leckerchen zunehmend in der Hand und reduzieren dann zentimeterweise die nötigen Hilfsbewegungen mit der Hand. In diesem Stadium beenden Ihr „Fein!" und das Leckerli die Übung. Sagen Sie aber in dem Moment, in dem Ihr Hund aufsteht, zusätzlich „Lauf!".

Bleib

Klappt das In-Position-Locken, zögern Sie den Zeitpunkt der Belohnung sekundenweise hinaus, bis Ihr Hund zwanzig bis dreißig Sekunden in der Position bleiben und auf das Leckerchen warten kann. Dabei sollten Sie kein Leckerchen mehr in der Hand haben und die Arme bereits locker hängen lassen.

Sie können nun beginnen, auch mal vom sitzenden (liegenden) Hund weg- und wieder zurückzugehen – zuerst nur einen Schritt, dann zwei, dann drei und so weiter. Halten Sie dabei seine Leine so, dass sie zwar am Halsband locker ist, aber nur wenige Zentimeter durchhängt. Steht er vorzeitig auf, hindern Sie ihn blitzschnell mit einem freundlichen „Äh-äh" und gleichzeitigem Kurzfassen der Leine daran, wegzugehen und sich anderweitig zu amüsieren. Beginnen Sie sofort danach von neuem mit der Übung. Wenn Ihr Hund immer wieder aufsteht, überfordern Sie ihn vermutlich gerade! Machen Sie die Übung leichter (weniger Abwechslung, geringere Distanz).

Wie oft und wie lange üben?

Für die Grundübungen gilt:

- Üben Sie an 5 Tagen der Woche.
- Eine bestimmte Übung muss dabei nicht unbedingt jeden Tag durchgenommen werden, aber mindestens 3 mal die Woche.
- Üben Sie jeweils nur wenige Minuten (5–10) am Stück.
- Eine einzelne Übung wiederholen Sie innerhalb einer Übungseinheit ca. 4–6 Mal (bei Fuß gehen ca. 2 Minuten).
- „Naaa!" üben Sie nur gelegentlich.
- Beenden Sie eine Trainingseinheit mit einer erfolgreichen Übung.
- Üben Sie nur, wenn Sie selbst Lust haben.
- Üben Sie auch an verschiedenen Orten und bei Ablenkung.

Beenden Sie die Übung stets nur, nachdem Ihr Hund mindestens zwei bis drei Sekunden in Position geblieben ist, einer Belohnung, die er noch in der Position bekommt und einem deutlichen „Lauf!" danach.

Behalten Sie Ihren Hund anfangs im Auge, während Sie sich von ihm entfernen.

Gib es mir!

Nein, Aus und Beutetausch

Dieser Hund gibt das Spielzeug nicht nur problemlos ab, sondern bringt es sogar freiwillig.

Nein

Nein („Naaa!") bedeutet: „Wage es nicht!" oder „Hör sofort auf!". Wie Sie es beibringen, ist im Grunde schon unter „Richtig strafen" erklärt. Am besten stellen Sie ein paar Übungssituationen. Legen Sie ein Leckerchen, einen Kauknochen oder ein Spielzeug vor sich auf den Boden und sagen Sie „Naaa!". Will Ihr Hund es nehmen, wiederholen Sie Ihr „Naaa!" und schubsen ihn weg. Reicht das nicht, gehen Sie zum Schnauzgriff und – falls auch das nicht reicht – zum Nackengriff über, jeweils vorher angekündigt durch ein weiteres „Naaa!". Nach wenigen Übungen sollte Ihr „Naaa!" auch im Alltag anwendbar sein, z. B. wenn Ihr Hund dazu ansetzt, etwas vom Tisch zu klauen.

Aus

Falls Ihr Hund bereits ein kleineres Objekt im Maul hat, haben Sie mit dem Nein aber unter Umständen schlechte Karten! Die meisten Hunde entdecken schnell, dass wir Menschen hilflos dastehen, wenn sie mit dem Objekt weglaufen oder es einfach herunterschlucken, was gefährlich werden kann, wenn es sich um Plastik, Silberpapier o. Ä. handelt. Üben Sie deshalb das „Aus!" (= „Gib mir, was du im Maul hast.") am besten schon, ehe Ihr Hund solche unerfreulichen Erfahrungen machen konnte. Und reagieren Sie möglichst gelassen, wenn Ihr Welpe draußen alles mögliche ins Maul nimmt. Das ist in dem Alter normal und wächst sich meistens ganz von allein aus.

Beutetausch

Ihr Hund hat einen Kauknochen, ein Spielzeug o. Ä., Sie haben etwas besseres, z. B. ein sehr schmackhaftes Leckerchen. Sagen Sie aus zwei bis drei Meter Entfernung freundlich „Aus!“, gehen Sie zu ihm und halten Sie ihm Ihr „Tauschobjekt“ vor die Nase. Lässt er sein Objekt los, um Ihres zu nehmen, ergreifen Sie es mit der anderen Hand, loben ihn, schauen es sich kurz an und geben es ihm wieder zurück. Das Tauschobjekt darf er ebenfalls behalten! Dass er das Wort „Aus!“ positiv verknüpft hat, erkennen Sie daran, dass er bereitwillig seine Beute fallen lässt und Sie erwartungsvoll anschaut, wenn Sie „Aus!“ sagen. Sie brauchen ihm nun nicht mehr jedesmal etwas zum Tauschen anbieten. Falls Sie seinen „Besitz“ einbehalten müssen, sollten Sie ihn jedoch großzügig für seine Gabe „entschädigen“.

Das ist aber meins!

Vielleicht hat sich Ihr Hund schon angewöhnt, in solchen Situationen auszuweichen, weil ihm „seine Beute“ einfach mit Gewalt und unter Schimpfen aus dem Fang genommen wurde. Schließlich versteht er nicht, dass das gammelige Schinkenbrot seiner Gesundheit schaden könnte und dass Sie es nur gut mit ihm meinen.
Üben Sie zuerst an der Leine und geben ihm vorerst nur etwas Gutes zu seinem Objekt dazu, bis er sein berechtigtes Misstrauen gegen Ihre Annäherung abgebaut hat. Sollte er sogar knurren, werfen Sie ihm das Leckerchen zu Beginn zu, so dass er ganz sicher sein kann, dass Sie ihm nichts wegnehmen werden. Im Lauf der Zeit wird er lernen, dass es sich lohnt, Sie an seine Beute zu lassen, da er sie entweder behalten darf oder etwas Besseres bekommt.

„Biete Waschbär gegen Leckerchen zum Tausch!“

Das hilft Ihnen im Alltag

Weitere sinnvolle Übungen

Die Decken-Übung

Es ist angenehm, wenn man den Hund dazu veranlassen kann, sich zeitweise abzulegen und sich ruhig zu verhalten. So kann er dabei sein, ohne Sie zu beeinträchtigen. Am einfachsten erreichen Sie das, indem Sie Ihren Hund lehren, auf einer Decke o. Ä. zu bleiben. Er darf darauf liegen, sitzen, stehen, sich kratzen, schlafen, ganz egal – er darf darauf tun und lassen, was er möchte, solange er auf der Unterlage bleibt und nicht weiter stört. Da es sich um eine „Langeweile"- und Entspannungsübung handelt, dauert sie von Anfang an etwas länger, circa 15 bis 30 Minuten.

Die Deckenübung können Sie später auch nebenbei bei der Hausarbeit üben.

Lob, Streicheln oder Leckerli gibt es bei dieser Übung nur ganz selten, wenn überhaupt, und nur, wenn Ihr Hund gerade entspannt ist, damit er richtig zur Ruhe kommt. Bei den ersten Übungen bleiben Sie ganz nah beim Hund und nehmen ihn an die Leine. Später können Sie nebenbei lesen oder fernsehen oder ihn auch frei ablegen und sich, je nach seinen Fortschritten, in der Wohnung herumbewegen, Hausarbeit verrichten usw.

Leg Dich

Breiten Sie die Decke aus und locken Sie Ihren Hund darauf. Sagen Sie ein Hörzeichen (z. B. „Leg dich"). Ab jetzt verhindern Sie umgehend all seine Versuche, die Decke zu verlassen, indem Sie ihn mit „Äh-äh", mit Leine oder Händen wieder zurückziehen beziehungsweise -schieben und sofort wieder loslassen (er lernt nichts daraus, wenn Sie ihn festhalten). Stoppen Sie ihn, sobald er die erste Vorderpfote über den Deckenrand setzt. Bleiben Sie ruhig und freundlich, aber konsequent. Protestjaulen o. Ä. ignorieren Sie. Knabbert er an der Decke oder Leine, verbieten Sie ihm das. Am Ende erlauben Sie ihm mit einem „Lauf!", die Decke zu verlassen, aber nur, wenn er sich zuvor ruhig verhalten hat. Sie werden sehen, dass die ersten Übungen zwar ein Geduldsspiel sind, Ihr Hund die Übung aber schnell akzeptieren wird.

„Geh voran“

Ebenso praktisch ist es, den Hund von sich wegschicken zu können, z. B. aus der Küche oder ins Auto. Stellen Sie sich mit ihm vor eine offene Tür und werfen Sie ein Leckerchen in den Raum. Loben Sie ihn, während er hineinläuft und es sich holt. Nachdem Sie den Vorgang einige Male wiederholt haben, täuschen Sie den Wurf nur an. Sobald Ihr Hund die Schwelle übertritt, loben Sie ihn und werfen ihm das Leckerchen hinterher. Wiederholen Sie den Vorgang, bis er durch die Tür geht, obwohl er weiß, dass Sie nichts geworfen haben. Gegebenenfalls wechseln Sie noch eine Zeit lang echte Würfe mit angetäuschten ab. Die ehemalige Wurfbewegung wird zum Sichtzeichen, dem Sie noch ein Hörzeichen (z. B. „Bitteschön“) voranstellen können. Üben Sie an verschiedenen Türen und schließen die Tür auch mal kurz, wobei er sein Leckerchen dann erst bekommt, wenn Sie die Tür wieder aufmachen.

Ein gut erzogener Hund drängelt nicht an der Tür.

„Warte“

Das Hörzeichen sagt Ihrem Hund, dass er an Türen oder Durchgängen zurückbleiben soll. Leinen Sie ihn an und gehen Sie auf eine Türschwelle zu. Sobald er eine Pfote über die Schwelle setzen will, sagen Sie „Warte!“ und stoppen ihn bzw. schieben oder ziehen ihn wieder zurück. Sobald er hinter der Schwelle ist, lassen Sie die Leine wieder locker. Wiederholen Sie den Vorgang, bis er auf Ihr „Warte!“ von selbst hinter der Schwelle bleibt. Dann loben Sie ihn und ermuntern ihn entweder mit „Lauf!“ oder „Komm“, Ihnen zu folgen, oder gehen Sie zu ihm zurück. Üben Sie an verschiedenen Durchgängen und Türen, auch an der Heckklappe oder Tür Ihres Autos.

Manchmal möchte man ihn einfach gern für eine Weile aus der Küche haben.

Welpen-EXTRA

Sauberkeit und Ordnung

Lückenlose Überwachung

Falls Sie einen Welpen haben, muss er lernen, in der Wohnung sauber zu sein und nichts kaputtzumachen oder zu klauen. Dazu sollten Sie ihn unbedingt die erste Zeit rund um die Uhr entweder so beschäftigen und unterbringen (Laufstall, neuer Kauknochen), dass er nichts Falsches tun kann, oder ihn lückenlos beaufsichtigen. Geben Sie ihm genug zu spielen und zu erkunden, damit er nicht auf Ihre Wohnungseinrichtung angewiesen ist, um sich zu amüsieren. Knabbert er etwas an oder will es klauen, warnen Sie mit „Naaa!" und schreiten danach gegebenenfalls mit einer Strafe ein. Damit Sie ihn vor allem am ersten Tag nicht dauernd zusammenstauchen müssen, können Sie ihn auch mal einfach ablenken oder wegholen. Hauptsache, er tut nichts Verbotenes!

Stubenreinheit

Falls er sich anschickt, ein „Geschäft" in der Wohnung zu machen, unterbrechen Sie ihn und tragen ihn hinaus. Strafen Sie ihn in diesem Zusammenhang nie. Er würde nur verstört sein, wenn Sie ihn „angreifen", weil er sein Geschäft macht, da das unter Hunden völlig unüblich ist. Selbstverständlich dürfen Sie ihn auch nie im Nachhinein strafen! Ansonsten ist Stubenreinheit ein fast reines Verknüpfungslernen: Sorgen Sie dafür, dass Ihr Welpe so selten wie möglich drinnen macht, und er lernt ganz automatisch, wo das richtige „Örtchen" ist. Beschleunigen können Sie die Sache durch einen regelmäßigen Tagesablauf, indem Sie ihn oft hinausbringen, loben, wenn er sich draußen löst und gut darauf achten, wie Ihr spezieller Hund sich bemerkbar macht, wenn er mal muss.

Fast alle jungen Hunde „helfen" gern beim Fegen.

Nadelspitze Welpenzähnchen

Welpen beißen normalerweise im Spiel. Sie müssen jedoch schleunigst lernen, dass das nicht geht. Wenn Ihr Welpe in Ihre Kleidung oder Haut beißt, reagieren Sie am besten folgendermaßen: Rufen Sie „Aua!“, wenden Sie sich abrupt ab und unterbrechen Sie das Spiel für mindestens zehn Sekunden. Reicht das nicht, „knurren“ Sie „Naaa!“, stehen dabei bocksteif da und starren einige Sekunden böse vor sich hin. Reicht das nicht, wenden Sie einen Schnauzgriff oder Nackengriff an. (Falls Ihr Welpe darauf mit Gegenwehr und Stress reagiert, wählen Sie stattdessen eine Auszeit.) Wenn Sie kleinere Kinder haben, müssen Sie gegebenenfalls selbst eingreifen. Nutzen Sie auch Managementmaßnahmen: Trennen Sie Kind und Hund, lenken Sie ab, unterbrechen Sie das Spiel, wenn es entgleist und allzu wild wird, oder noch besser, bevor das passiert.

Duldsamkeit

Mit allen Welpen muss man eine Art Zähmung durchführen. Hände, die nach ihm fassen, sollten für etwas Angenehmes und kein Grund zur Aufregung sein. Fassen Sie Ihren Hund viel an. Streicheln Sie ihn mit langen, beruhigenden Strichen am ganzen Körper oder kraulen Sie ihn ausgiebig. Üben Sie, ihn zu bürsten, Ohren, Pfoten und Zähne zu kontrollieren und ihn ein paar Sekunden lang festzuhalten. Beim Welpen können Sie dies freundlich, aber bestimmt durchziehen, auch wenn er zappelt. Den erwachsenen Hund oder wehrhaften Welpen füttern Sie nebenbei mit Leckerchen und arbeiten sich behutsam zu den Stellen vor, an denen er nicht gern angefasst werden mag.

Wenn Ihr Welpe beim Streicheln anfängt, spielerisch zu beißen, brechen Sie den Kontakt ab.

Leinebeißen

Auch das Leinebeißen sollten Sie gar nicht erst einreißen lassen. Sagen Sie „Naaa!“, sobald Ihr Welpe die Zähnchen an die Leine setzt. Hört er nicht sofort auf, nehmen Sie ihm die Leine mit einem Schnauzgriff aus dem Maul – notfalls zehn Mal hintereinander, bis er das Knabbern unterlässt. Geben Sie ihm dann (ja, erst dann!) eventuell etwas anderes zum Tragen und Spielen. Wenn ein Hund hartnäckig in die Leine beißt, kann das übrigens auch ein Zeichen von Stress sein! Machen Sie sich dann Gedanken, worin der Grund liegen könnte.

Unterbinden Sie das Leinebeißen besser sofort. Es kann sehr lästig werden!

Unarten im Keim erstickt

Nicht lästig sein

Jetzt nicht!

Was Sie vielleicht anfangs noch niedlich finden, kann mit der Zeit sehr lästig werden. Überlegen Sie deshalb gut, ob Sie es fördern wollen, wenn Ihr Hund bettelt, mit Stupsen und Pföteln Streicheleinheiten verlangt oder bellt, damit Sie mit ihm spielen, spazieren gehen oder ihn füttern. Ziehen Sie rechtzeitig die Bremse, wenn er zu häufig oder zu aufdringlich solch forderndes Verhalten zeigt, indem Sie einfach nicht darauf eingehen. Nützlich ist auch ein Hörzeichen (z. B. „Jetzt nicht!"), das Sie jeweils sagen, ehe Sie selbst Spiel oder Streicheln beenden oder wenn Sie nicht auf seine Aufforderungen eingehen werden. Sie können ihn mit diesem Wort schon bald problemlos abweisen, wenn Sie gerade keine Zeit oder Lust haben, sich mit ihm zu beschäftigen. Wichtig bei all dem ist natürlich, dass Sie die Bedürfnisse Ihres Hundes nach Gesellschaft und Beschäftigung insgesamt nicht vernachlässigen!

Hunde wissen schon ganz gut, wie sie uns herumkriegen können …

Springen oder nicht springen?

Ein Hund, der niemanden anspringt, gewinnt allein dadurch viele Sympathien. Eigentlich lässt sich das Anspringen leicht abgewöhnen, indem Sie Ihren Hund konsequent vom allerersten Tag an nur dann beachten, wenn er mindestens die letzten drei bis fünf Sekunden unten war und ihn ignorieren, sobald er Sie anspringt. In der Praxis kommen einem zwei Dinge in die Quere:

Die lieben Mitmenschen

Erstens „liebe" Mitmenschen, die Ihre Erziehungsbemühungen untergraben, indem sie Ihren Hund streicheln, wenn er hochspringt oder ihn sogar zum Anspringen ermuntern. Handelt es sich um einen Ihnen bekannten

Ignorieren Sie Ihren Hund, wenn er allzu wild ist. Versuchen Sie, die Begrüßung ruhig ablaufen zu lassen.

Menschen, versuchen Sie am besten, ihn zur Mitarbeit zu bewegen. Hunde, die anspringen, können Personen ernsthaft gefährden, auch wenn sie „nur lieb" sind und deshalb in der Öffentlichkeit kaum von der Leine gelassen werden. Ihnen selbst drohen Anzeigen und Beschimpfungen. Wer Sie und Ihren Hund wirklich mag, wird also ganz sicher mitziehen. Passanten können Sie natürlich nicht jedes Mal einen langen Vortrag halten. Sie müssen Ihren Hund daher gegebenenfalls im Park ein paar Wochen lang an die (lange) Leine nehmen, um Begegnungen verhindern oder abbrechen zu können, die seiner Erziehung schaden könnten. Dasselbe gilt, wenn Sie Besuch bekommen.

Begrüßung auf Hundeart

Das zweite Problem ist der Hund selbst. Da der „Mundwinkelstoß" zum natürlichen Begrüßungsverhalten gehört, neigen viele Hunde sehr dazu, bei freudiger Erregung hochzuspringen, um das Gesicht des Menschen zu erreichen. Wurde dieses Verhalten bereits über längere Zeit durch Aufmerksamkeit verstärkt, kann es recht hartnäckig sein. Gegebenenfalls begrüßen Sie Ihren Hund einige Wochen lang nicht sofort beim Hereinkommen, sondern erst einige Minuten später. Dies nimmt einfach einiges an Aufregung aus dem Moment des Nachhausekommens und macht es Ihrem Hund leichter, sich zu beherrschen. Vielleicht können Sie seine Erregung auch umlenken, indem Sie ihm ein Spielzeug zum Herumtragen anbieten oder ein paar flotte Gehorsamsübungen einschalten. Nur wenn alle anderen Bemühungen versagen, sprühen Sie ihm, wenn er hochspringt, mit einer Blumensprühflasche Wassernebel direkt auf die Nase. Bieten Sie gegebenenfalls ein paar Hilfspersonen auf, damit Ihr Hund auch lernt, Besucher nicht anzuspringen.

Ein Hund ist kein Gartenzwerg

Garten als Alternative?

Ein Garten ist zweifellos eine feine Sache. Auch aus Sicht des Hundes, der sich – dort allein gelassen – auf Hundeart vergnügen wird, indem er den Rasen mit Kratern versieht, die Sträucher schreddert und eifrig alles verbellt, was sich bewegt. Und falls der Garten nicht eingezäunt ist, dehnt er seine Aktivitäten auch auf die Nachbarschaft aus...

Manchmal wirken sie doch so harmlos wie Gartenzwerge...

Gartenpflege auf Hundeart

Im ersten Jahr mit einem Welpen schützen Sie am besten Pflanzen und Beete, die Ihnen wichtig sind, mit einem Drahtzaun und wappnen sich ansonsten mit Gelassenheit. Natürlich wird er Löcher buddeln, Zweige abkauen und auf den Rasen machen. Aber all das wächst sich aus. Erwachsene Hunde machen ihr Geschäft von sich aus lieber außerhalb des Gartens, da es ja auch zur Reviermarkierung dient. Und im zweiten Sommer wird es relativ einfach sein, dem nunmehr nicht mehr ganz so kindsköpfigen Hund klarzumachen, wo Buddelverbot herrscht und dass er die Sträucher in Ruhe lassen soll. Allerdings müssen Sie ihn dazu sehr gut beaufsichtigen.

Tipp

Gemeinsame Gartennutzung

Nutzen Sie Ihren Garten zusammen mit Ihrem Hund, aber nicht als „Abstellkammer" für ihn. Sonst sind Probleme vorprogrammiert.

Hereinkommen

Das Hereinkommen aus dem Garten wird oft zum Problem, da der junge Hund lieber draußen bleiben will. Geben Sie ihm daher ruhig öfter mal ein Leckerchen fürs Hereinkommen und rufen Sie ihn auch oft herein, nur um ihn anschließend sofort wieder hinauszulassen. Sollte er partout nicht hereinkommen wollen und stattdessen draußen wie wild herumrasen, ignorieren Sie ihn am besten. Auch solche „Rennfieberanfälle" wachsen sich aus. Notfalls lassen Sie Ihren Junghund in dieser Phase an der Leine hinaus, zumindest wenn Sie es eilig haben.

Grenzen zeigen

Ihr Garten braucht keinen zwei Meter hohen Gartenzaun aufzuweisen, um Ihren Hund in Schach zu halten. Wenn Sie gut aufpassen, können Sie auch einen niedrigen Gartenzaun als symbolische Grenze etablieren, indem Sie die allerersten Versuche Ihres Hundes, darüber zu klettern oder zu springen (meist in der pubertären „Flegelzeit" mit fünf bis sechs Monaten), unterbinden.
Seien Sie dabei nicht zimperlich: Schubsen Sie ihn wortlos herunter, reißen Sie ihn mit der Leine zurück, werfen Sie einen Gegenstand, der gerade griffbereit ist, nach ihm oder bespritzen Sie ihn mit Wasser, je nachdem, was sich gerade anbietet. Hauptsache, er bekommt den Eindruck, der Zaun sei unüberwindlich!

Übereifriger Wächter

Wenn Ihr Hund territorial veranlagt ist (wie die meisten Hunde), wird er vermutlich spätestens in der Pubertät anfangen, Passanten anzubellen, die am Zaun vorbeigehen.

Wenn Ihr Hund draußen zuviel Lärm macht, holen Sie ihn herein.

Wenn Sie ihm erlauben, viel allein im Garten zu sein, ist das so, als stellten Sie ihn als Wachtposten auf. Gerade junge Hunde sind von dieser Aufgabe entweder begeistert oder gestresst und bellen daher übertrieben oft und heftig. Beschränken Sie also den Zugang zum Garten im Wesentlichen auf die Zeit, in der Sie auch draußen sind, damit Ihr Hund sich nicht zum Zaunkläffer entwickelt. Bellt er, rufen Sie ihn zurück (eventuell anfangs erst, wenn er sich etwas abgeregt hat) und belohnen ihn, wenn er zu Ihnen kommt. Dadurch können Sie das Gebell zwar nicht ganz verhindern, aber immerhin abkürzen.

Um Bellen am Zaun abzukürzen, üben Sie das Abnrufen.

Wenn Sie mal weg müssen

Allein daheim oder gemeinsam unterwegs

Dinge wie Alleinbleiben und Autofahren müssen Hunde erst lernen. Gehen Sie in kleinen Schritten vor, damit Ihr Hund keine Angst bekommt.

Allein bleiben

Auch an das Alleinbleiben müssen Sie Ihren Hund in kleinen Schritten gewöhnen. Leichter geht das, wenn er gerade satt und müde ist. Beginnen Sie mit dem Anbinden oder Warten hinter einem Zaun oder Gitter. Er kann sich langsam daran gewöhnen, dass er nicht immer ganz dicht bei Ihnen sein kann. Binden Sie ihn zum Beispiel an, entfernen Sie sich einige Schritte und warten ein paar Sekunden. Bleibt er ruhig, gehen Sie wieder zu ihm und loben ihn. Sollte er bellen, jaulen oder an der Leine zerren, ignorieren Sie ihn und gehen erst wieder hin, wenn er mindestens drei Sekunden ruhig geblieben ist. Dehnen Sie die Zeit, die er warten muss, langsam aus.

Langsam steigern

Können Sie ihn ein paar Minuten anbinden oder hinter einer Abtrennung lassen, beginnen Sie mit dem Alleinbleiben. Ihr Hund sollte zufrieden und müde oder mit einem Spielzeug beschäftigt sein. Gehen Sie aus dem Raum und kommen nach kurzer Zeit wieder herein. Beachten Sie Ihren Hund kaum. Der Vorgang soll ganz normal sein. Nach und nach bleiben Sie etwas länger weg. Klappt es eine Viertelstunde, sind längere Zeitabschnitte in der Regel kein Problem mehr. Falls er jault oder bellt, machen Sie auf keinen Fall die Tür auf, ehe er nicht mindestens drei Sekunden still war!

Im Auto unterwegs

Autofahren ist für Hunde unnatürlich – kein Wunder, dass vielen dabei schlecht wird oder sie Angst bekommen. Eine Gewöhnung ist aber gut möglich, sofern sie in kleinen Schritten erfolgt. Üben Sie zuerst bei abgeschaltetem Motor, bis Ihr Hund sich wohl fühlt. Sitzen Sie einfach mit ihm im Auto und geben ihm ein paar Leckerchen. Dann machen Sie dasselbe mit eingeschaltetem Motor. Geht auch das stressfrei, fahren Sie einmal die Einfahrt rauf und runter. Bei der weiteren Gewöhnung vergrößern Sie die Strecke auf ein paar hundert Meter, dann auf ein bis zwei Kilometer usw. Sie können

Gute Manieren im und am Auto machen Ihren Hund zu einem angenehmen „Beifahrer“.

z. B. einen Block weit fahren, aussteigen, spazieren gehen und wieder nach Hause fahren. Auf diese Weise macht Ihr Hund viele kleine Autofahrten, die so kurz sind, dass ihm gar nicht schlecht werden kann und die mit Annehmlichkeiten verbunden sind. Sichern Sie Ihren Hund im Auto mit einem Hunde-Sicherheitsgurt oder einem in die Karosserie eingehängten Netz oder Gitter. Üben Sie auch das „Warte!“ an der offenen Tür oder Heckklappe und das Einsteigen.

Zu Fuß unterwegs

Ihr Hund möchte auf dem Spaziergang nicht nur frische Luft genießen und sich die Füße vertreten, sondern etwas erleben und gemeinsam mit Ihnen etwas unternehmen. Wenn Sie ihm keine Beschäftigungen anbieten, wird er sich selbst welche suchen, die Ihnen nicht unbedingt gefallen werden, wie z. B. Wild, Jogger, Fahrradfahrer und Katzen jagen, Wildfährten folgen, Unrat fressen, unkontrollierbar auf Hunde und Menschen zustürzen, um sie zu begrüßen, usw. Die Gefahr, dass einem der Hund aus Mangel an Führung „entgleitet“, sich möglicherweise ein ernsthafteres Problemverhalten angewöhnt und schließlich, unkontrollierbar geworden, kaum mehr von der Leine gelassen werden kann, ist gerade im zweiten Lebenshalbjahr groß.

Schleppleine Tipp

Bei Welpen und Junghunden ist ein Brustgeschirr mit ein paar Metern Schleppleine ideal. Sie haben so, wenn nötig, schneller Zugriff.

Versteckspiele fördern die Bindung zwischen Kind und Hund.

Bindung aufbauen

Binden Sie Ihren Hund daher im ersten Lebensjahr an sich, indem Sie sich viel mit ihm beschäftigen. Gehen Sie oft neue Wege. Machen Sie öfter unerwartete Tempo- und Richtungswechsel oder verstecken Sie sich heimlich. Gehen Sie im Großen und Ganzen zügig und ohne dauernd zu rufen, aber belohnen Sie ihn oft, wenn er von selbst zu Ihnen kommt oder mit Ihnen die Richtung wechselt. In unübersichtlichen Situationen oder wenn Sie unkonzentriert sind, gehört er an die Leine – lieber einmal zu oft als zu selten. Viele seiner Bedürfnisse (buddeln, herumschnuppern, markieren usw.) kann ein Hund sowieso ebenso gut an der (langen) Leine befriedigen.

Toben, spielen oder knurren?

Begegnungen mit anderen Hunden

Nicht jeder Hund spielt gern mit jedem. Gerade ältere Hunde spielen am liebsten mit festen Hundefreunden.

Hundebegegnungen

Natürlich brauchen Hunde Kontakt zu Artgenossen, aber manchmal wird dabei auch zu viel des Guten getan. Junge Hunde wollen zwar meist mit jedem Artgenossen spielen, dem sie begegnen. Aber viele erwachsene Hunde spielen nur noch mit wenigen festen Hundefreunden. Dafür ist jede Begegnung zwischen zwei fremden erwachsenen Hunden immer auch eine Art Machtspielchen. Das kann stressig für den Hund sein, auch wenn es meist nicht zu ernsthaften Auseinandersetzungen kommt. Achten Sie deshalb darauf, ob Ihr Hund wirklich gern Artgenossen trifft und gut mit ihnen auskommt. Falls er angespannt und mit viel Imponierritualen auf andere Hunde zugeht und öfter in Rangeleien verwickelt ist, tun Sie ihm keinen Gefallen, wenn Sie täglich mit ihm auf die Hundewiese gehen.

Rüpel meiden

Weichen Sie Situationen aus, in denen Ihre Hündin von einem allzu aufdringlichen Rüden belästigt wird oder in denen Ihr Hund von anderen gemobbt (drangsaliert und herumgescheucht) wird – oder dies selbst mit anderen Hunden tut! Junge Welpen und Kleinhunde sollte man ebenfalls davor bewahren, von größeren Rüpeln als „Spielzeug" missbraucht zu werden. Wenn einer der beiden Hunde wiederholt in die Luft schnappt oder quietscht, sehr angespannt wirkt, die Rute einklemmt oder versucht zu fliehen, während der andere ihn niederhetzt oder ihn immer wieder zur Unterwerfung zwingt, ist das für beide kein gutes Spiel. Machen Sie kein Drama daraus, aber gehen Sie mit Ihrem Hund weg, falls er das Opfer ist, oder hindern Sie ihn daran, andere Hunde zu ängstigen.

Diese drei vertragen sich, aber manchmal kommt es auf Hundewiesen auch zu Stress.

Leinenbegegnungen

Wenn Ihnen ein angeleinter Hund entgegenkommt, nehmen Sie Ihren Hund bitte auch an die Leine und verständigen Sie sich gegebenenfalls mit dem anderen Hundebesitzer, ob er eine Begegnung zulassen will. Der andere Hund ist vielleicht ängstlich, bissig oder krank und sein Besitzer hat womöglich gute Gründe, einer Begegnung auszuweichen. Wenn Sie Ihren Hund einfach zu einem angeleinten Hund laufen lassen, ist das rücksichtslos bis gefährlich.

Lockere Leinen

Falls Sie Ihren Hund an der Leine zu einem anderen lassen wollen, sorgen Sie dafür, dass seine Leine locker ist, und versuchen Sie, die Hunde bei ihrer Kontaktaufnahme möglichst wenig zu behindern. Eine straffe Leine leistet Aggressionen Vorschub. Sie würgt den Hund, stresst ihn und behindert ihn in seinem normalen Ausdrucksverhalten, da er eine verfälschte Körpersprache hat, wenn er in der Leine hängt. Schlimmstenfalls kann sich daraus mit der Zeit eine Leinenaggression entwickeln, d. h. Ihr Hund randaliert an der Leine, wenn andere Hunde vorbeikommen. Vor allem sollten Sie nie zulassen, dass sich zwei Hunde an straffer Leine durch heftiges Ziehen zueinander vorarbeiten.

Abstand halten

Falls also an der Leine keine Begegnung stattfinden soll, halten Sie am besten von vornherein Abstand, so dass Ihr Hund gleich merkt, dass es diesmal kein Beschnuppern geben wird, und einigermaßen ruhig bleiben kann. Benutzen Sie zudem etwas „Hundesprache", um den beteiligten Hunden zu zeigen, dass diesmal ein neutrales Vorbeigehen erwünscht ist: Machen Sie mit Ihrem Hund einen deutlichen Bogen um den anderen Hund. Nehmen Sie ihn evtl. auf die vom anderen Hund abgewandte Seite. Versuchen Sie, ihn durch „Ansprache" und Leckerchen auf sich zu konzentrieren, damit er den anderen Hund nicht anstarrt. Diese Maßnahmen helfen nicht nur dabei, Aggressionen zu vermeiden, sondern auch einen verspielten Junghund an Artgenossen vorbeizubekommen.

Rechtzeitig zu üben, ruhig an Artgenossen vorbei zu gehen, beugt Aggressionen vor.

Begegnungen mit Menschen

Diese Regeln gelten auch für das Vorbeigehen an Passanten, gerade, wenn Ihr junger Hund Fremde anspringen will. Holen Sie Ihn vorbeugend heran und geben ihm ein Leckerchen, wenn ein Jogger, Skater o. Ä. vorbeikommt.

Übungsgruppen sind eine gute Gelegenheit, Hundebegegnungen zu üben.

Auf einen Blick

Die tollsten Spaziergänge

Die beste Zeit am Tag

Manchmal ist ein Hundeleben ganz schön langweilig: Stundenlang in der Ecke liegen und dösen, da gilt der Spaziergang als Höhepunkt des Tages. Also sollten Sie ihn auch als supertollen Ausflug gestalten und nicht gedankenversunken immer dieselbe Runde an der Seite Ihres Hundes trotten und nach einer kurzen Pinkelpause wieder umdrehen.

Natürliche Hindernisse

Versteck spielen

War gerade Erntezeit und auf den Feldern liegen noch die Strohballen herum? Super! Dann nutzen Sie die doch für ein tolles Spiel! Wie wäre es mit verstecken? Spürt Ihr Hund Sie gleich auf, wenn Sie hinter einem großen Rundballen verschwinden? Wird er mit der Zeit schneller? Natürlich können Sie auch urplötzlich hinter Baumstämmen oder im hohen Gras „verloren" gehen. Sie werden merken, dass Ihr Hund in Zukunft viel besser auf Sie aufpassen wird.

Geschicklichkeitsspiele

Haben Sie einen kleinen Sportler, der elegant über Baumstämme balanciert wie auf einem Schwebebalken? Oder jeder Hürde nimmt wie ein Agilitychampion? Lassen Sie ihn über Baumstämme balancieren und auf Rundballen springen (sofern er fit und gesund ist).

Kunststückchen

Sie wohnen in einer Umgebung ohne Wald und Feld? Macht nichts! Dann müssen Sie als Turngerät herhalten. Kann er über Ihr Bein springen? Durch Ihre Arme hindurch? Oder sogar auf Ihrem Rücken landen? Das können Sie auch im Park im Garten oder im geräumigem Wohnzimmer üben.

Für Schnupperprofis

Für Nasentypen

Ihr Hund ist kein Spring-ins-Feld, sondern gehört eher zu den bedächtigen Typen? Kein Problem. Auch er kann sich ein wenig anstrengen.

Leckerchen-Spur

Legen Sie eine Fährte mit Leckerchen und lassen Sie ihn die Spur ausarbeiten. Am Anfang liegen die Leckerchen noch dicht an dicht auf kurzem Gras oder dem Wohnzimmerboden, später wird der Abstand größer und das Gelände schwieriger.

Für Futter tut er alles!

Ihrer zählt zu den immer Hungrigen, der für Futter alles tut? Na, gut! Dann lassen Sie ihn arbeiten. Hängen Sie Wurst- und Käsestreifen in den Wunderbaum und lassen Sie ihn ernten. Verstecken Sie hin und wieder ein paar gute Brocken unter Laub, neben einem Stamm, auf einem Stein oder was sonst gerade kommt. Findet er sie?

Für Arbeitseifrige

Nicht mit leerem Maul

Ihr Hund muss immer etwas mit sich herumtragen? Dann soll er es ruhig tun. Geben Sie ihm auf dem Spaziergang einen Handschuh ab, den er tragen darf, den Regenschirm oder was er sonst so tragen und einsabbern darf. Sie können ihn auch ein kleines Körbchen tragen lassen, wenn Sie einkaufen gehen, oder er nimmt sein Stofftier oder seinen Dummy mit.

Bauen Sie ein paar Gehorsamsübungen ein

Ganz nebenbei lassen sich die Gehorsamsübungen einbauen: Zum Beispiel die Decken-Übung, während Sie die Fährte legen, „Sitz", bevor Sie gemeinsam balancieren, „Komm" wenn er zu Ihnen auf den Rundballen springen soll, „Aus", wenn Sie mit ihm Dummyarbeit machen und so weiter. So festigen Sie die Übungen und die Bindung ganz nebenbei, während Sie zusammen viel Spaß haben.

Bildnachweis

Die Farbfotos wurden von Ulrike Schanz extra für dieses Buch aufgenommen. Weitere Aufnahmen sind von Juniors Bildarchiv (3; S. 18 beide, 19), Horst Streitferdt/Kosmos (4; S. 26 beide, 46, 69 u.M.), Sabine Stuewer/Kosmos (10; S. 29, 38 alle 4, 65 alle 3, 68 u.l., 69 o.M.).

Impressum

Umschlaggestaltung von eStudio Calamar unter Verwendung von zwei Farbfotos von Ulrike Schanz.
Foto der Autorin von Eva-Maria Krämer.

Mit 135 Farbfotos.

Gedruckt auf chlorfrei gebleichtem Papier

Unser gesamtes lieferbares Programm und viele weitere Informationen zu unseren Büchern, Spielen, Experimentierkästen, DVDs, Autoren und Aktivitäten finden Sie unter **www.kosmos.de**

Alle Angaben in diesem Buch erfolgen nach bestem Wissen und Gewissen. Sorgfalt bei der Umsetzung ist indes dennoch geboten.
Der Verlag und die Autorin übernehmen keinerlei Haftung für Personen-, Sach- oder Vermögensschäden, die aus der Anwendung der vorgestellten Materialien und Methoden entstehen könnten.

ISBN 978-3-440-11139-0
Redaktion: Alice Rieger
Gestaltungskonzept: solutioncube GmbH, Reutlingen
Gestaltung & Satz: Atelier Krohmer, Dettingen/Erms
Produktion: Eva Schmidt
Printed in Germany / Imprimé en Allemagne

Register

Meine Serviceseite

Internet

www.aha-hundeausbildung.de
Hier kommen Sie direkt auf die Homepage der Hundeschule von Sabine Winkler.

www.hundund.de
Infos über Rassen, Haltung, Pflege, Urlaub und Erziehung.

www.urlaub-mit-hund.de
Ferienwohnungen und vieles mehr.

www.hundeforum.net
Hier können Sie sich auch mit anderen Hundehaltern und Hundefreunden austauschen.

Zum Weiterlesen

Blenski, Christiane: **Hundespiele.** KOSMOS 2007

Blenski, Christiane: **Hunde erziehen, ganz entspannt.** KOSMOS 2005

Führmann, Petra und Nicole Hoefs: **Das KOSMOS Erziehungsprogramm für Hunde.** KOSMOS 2006.

Krämer, Eva-Maria: **250 Hunderassen.** KOSMOS 2007

Krauß, Katja: **Hunde erziehen mit dem Clicker.** KOSMOS 2006

Mücke, Anke: **Zufrieden an der Leine.** KOSMOS 2007

Schneider, Dorothee: **Hunde einfach erziehen.** KOSMOS 2008

Theby, Viviane: **Verstehe deinen Hund.** KOSMOS 2006

Whitehead, Sarah: **Das Hundebuch für Kids.** KOSMOS 2008

Winkler, Sabine: **Hundeerziehung.** KOSMOS 2000

Winkler, Sabine: **So lernt mein Hund.** KOSMOS 2005